U0281598

消防设施物联网系统技术应用报告

（2024年版）

上海瑞眼科技有限公司　主编

中国建筑工业出版社

图书在版编目（CIP）数据

消防设施物联网系统技术应用报告：2024 年版 / 上海瑞眼科技有限公司主编 . -- 北京：中国建筑工业出版社，2024. 9. -- ISBN 978-7-112-30441-7

Ⅰ . TU892-39

中国国家版本馆 CIP 数据核字第 2024MP4543 号

责任编辑：张文胜　　王华月
文字编辑：赵欧凡
责任校对：赵　力

消防设施物联网系统技术应用报告（2024年版）

上海瑞眼科技有限公司　主编

*

中国建筑工业出版社出版、发行（北京海淀三里河路9号）
各地新华书店、建筑书店经销
北京光大印艺文化发展有限公司制版
临西县阅读时光印刷有限公司印刷

*

开本：850毫米×1168毫米　1/32　印张：5⅛　字数：109千字
2024年9月第一版　　2024年9月第一次印刷
定价：**119.00**元
ISBN 978-7-112-30441-7
（43623）

编委会

主任委员

黄　鹏

副主任委员

杨　琦　程　星　王宗续　张启慧　王　策　廖　丹

编委（按姓氏拼音排序）

罗　锐　吴其远

指导专家

隋虎林　范玉峰　康　娜　陈延龙

主编单位

上海瑞眼科技有限公司

参编单位

上海中阳建设工程有限公司

中建三局安装有限公司

前言

PREFACE

　　上海瑞眼科技有限公司主编的《消防设施物联网系统技术应用报告（2024年版）》正式发布。

　　本报告旨在总结我国消防设施物联网系统技术的发展，通过对消防设施物联网获取的大数据进行各类应用分析，总结消防设施物联网的发展现状，分析消防设施物联网的建设和使用情况，介绍基于消防设施物联网数据的建筑消防安全评估技术，探讨利用消防设施物联网系统开展消防设施维护保养等技术服务质量评价的可行性，并对系统应用发展面临的挑战和未来趋势进行了深入研究。

　　从传统消防技术向智慧消防发展的进程中，消防设施物联网起到了积极的推进作用。本报告作为我国"消防设施物联网蓝皮书"的开篇之作，真实反映了消防设施物联网系统应用的成效，紧密呼应我国智慧消防的发展，助力从业者全方位了解我国消防设施物联网行业最新发展态势以及消防工作中存在的问题，它也是消防设施物联网系统技术的行业报告。本报告为行业健康、有序发展提供有意义的借鉴，它让消防设施物联网拥有了行业内自己的发展记录，弥补了消防统计年鉴等停留在基础数据统计报表阶段的遗憾。本报告以立足宏观政策、剖析行业痛点、探索技术突破为脉络，借助消防设施物联网和大数据技术，综合梳理我国消防设施物联网系统建设中存在的瓶颈，为之提供突破思路并进行可行性路径研究。具体而言，本报告一方面对消防设施物联网系统应用的历程、现状进行了总结，另一方面对消防设施物联网系统应用的数据从不同维度给予了分析。

本报告对消防管理、行业管理、企业决策及相关研究具有一定的参考价值和借鉴意义，可供政府相关部门和工程设计人员、科研人员、安全管理者等学习参考。

本报告涉及的主要数据来源于公开的数据信息和上海瑞眼科技有限公司的运行数据信息。消防设施物联网的建设分析以上海地区的数据为主，兼顾其他地区的数据。在应用数据的时间跨度上，从2018年5月（上海市工程建设规范《消防设施物联网系统技术标准》DG/TJ 08—2251—2018的实施时间）至2023年12月，是对消防设施物联网系统技术正式应用5年来的总结和展望。

本报告计划每两年编写一次，欢迎行业同仁共同参与，为消防行业的发展做出贡献。

上海瑞眼科技有限公司　首席科学家　黄鹏

2024年5月7日

目录

CONTENTS

1

消防设施物联网系统的概述

2

消防设施物联网系统的标准

3

系统技术的应用现状

4

消防设施物联网服务行业

5

消防设施物联网系统建设

6

社会单位消防设施物联网系统应用情况

7

基于消防设施物联网系统的建筑消防安全评估

8

基于消防设施物联网系统的维护保养

9

消防设施物联网系统的发展挑战和趋势展望

1

消防设施物联网系统的概述

1.1 消防设施物联网的概念

物联网（Internet of Things，IoT）是指通过信息传感设备，按约定的协议，将任何物体与网络相连接，物体通过信息传播媒介进行信息交换和通信，以实现智能化识别、定位、跟踪、监管等功能的万物互联、万物智联的信息服务体系。物联网应用中有 3 个关键环节，分别是感知层、网络传输层和应用层。它是一个基于互联网、传统电信网等信息承载体，让所有能够被独立寻址的普通物理对象实现互联互通的网络。它具有普通对象设备化、自治终端互联化和普适服务智能化 3 个重要特征。它是信息科技产业的第三次革命，可提供安全可控乃至个性化的实时在线监测、定位追溯、报警联动、调度指挥、预案管理、远程控制、安全防范、远程维护保养、在线升级、统计报表、决策支持、领导桌面（集中展示的 Cockpit Dashboard）等管理和服务功能，实现对"万物"的"高效、节能、安全、环保"的"管、控、营"一体化（图 1-1）。

图 1-1　物联网的关系示意图

消防设施是专门用于预防、控制和扑灭火灾以及火灾发生时用于人员疏散、消防救援和减少损失的固定设备和系统的总称。

消防设施物联网系统（FIoT）是通过信息感知设备，按消防远程监控系统约定的协议，连接物、人、系统和信息资源，将数据动态上传至信息运行中心，把消防设施与互联网相连接，进行信息交换，实现将物理实体和虚拟世界的信息进行交换处理并做出反应的智能服务系统。

消防设施物联网系统利用物联网技术持续采集消防设施的关键参数，通过"物联监测"实时监控消防设施的状态和环境情况，确保设施设备正常运行并及时发现异常。同时，采用"物联巡查"手段，利用智能设备、移动应用实现对消防设施远程或自动化的定期检查和记录，保证消防设施维护得当、运行顺畅。在此基础上开展消防设施的整体评估，给出系统应用的相关建议，从而促进消防设施功能的提升和活化。

消防设施与物联网技术的结合，不仅拓宽了信息技术在消防安全领域的应用边界，更催生了传统消防运行模式的深刻变革。这种创新的融合极大地增强了消防设施的可靠性，确保了其在紧急情况下的快速响应和高效运作，显著提升了公共安全水平。消防设施物联网系统的主要服务方面如图1-2所示。

图 1-2　消防设施物联网系统的主要服务方面

1.2　系统技术形成的背景

随着我国经济的飞速发展，城市化进程取得显著成果，城市规模迅速扩张、城乡融合力度进一步增大。为了满足人民对美好生活的需要与商业发展的需求，高层建筑、地下建筑、大型商业综合体、大型工业园区等结构设计更复杂、功能布局更多元的建筑如雨后春笋般涌现。然而，随着建筑数量和类型的增加，涉及消防安全的管理点不断增多，管理难度相应增加，使得管理目标与范围变得更加广泛和复杂。

现代建筑常用的消防设施有火灾自动报警系统、自动喷水灭火系统、防烟排烟系统、建筑防火分隔等十余种，种类多、功能全，部分消防设施间还存在联动、控制要求。这种高度的系统集成性和协调性需求，使得消防设施的维护和管理变得极为复杂，且更容易受到故障的影响。单一部件的失效可能影响整个系统的功能。消防设施的有效性受限于其保养和管理的质量。错误的安装、不规律的检查、不当的维护、不及时的部件更换，都可能导致系统在关键时刻无法正常运作。然而，由于维护保养工作环节多、成本高、维护保养人员履职难以保证等问题，目前大部分单位尚未按照国家规定落实消防设施的定期维护保养，一旦发生火灾，极易错失初期扑救的最佳时机，造成严重后果。

此外，面对建筑结构和功能日益复杂化的现状，传统消防系统已难以满足精准防控和快速响应的需求。在火灾探测方面，传统消防系统多依赖于基础的烟雾探测器和手动报警设备，这些设备虽然在简单环境中效果明显，但在火灾隐患较多的建筑群中，其探测范围和灵敏度存在很大不足；在应急响应方面，缺乏实时获取和分析消防设施数据的能力，不便于迅速调配资源和制定应对措施。

互联网时代的到来为解决消防安全治理的难题开辟了新思路。在此背景下，基础科学的进步、通信技术的创新及软件技术的发展共同促成了消防设施物联网系统的诞生。电子科学和计算机科学等基础科学的进步，推动了传感器技术的革新，使其更小型化、精确且成本更低，从而可以广泛部署传感器在消防设施中用于实时数据监测。随着无线通信技术，尤其是4G和5G网络的普及，以及低功耗宽带（LPWAN）技术的发展，实现了远程设备之间高效、稳定的数据传输，确保安装在消防系统中的各感知设备能够实时地与系统交换信息，实现消防设施状态的远程实时监测。现代软件技术，包括云计算和大数据分析，使得从消防设施中收集的大量数据可以被有效地存储、处理和分析，不仅优化了数据管理，还提高了数据分析的准确性，使消防设施物联网系统能够预测潜在风险并制定更有效的应对策略。

因此，消防设施物联网系统技术的形成主要受到了城市建设、科技发展、市场需求的共同推动，不仅提高了社会单位消防安全管理效能，还为整个消防行业带来了革命性的变化。

1.3 系统技术应用的目的和意义

消防设施物联网系统技术通过将消防设施与互联网连接，实现设施状态的实时监控和数据分析，管理者即时获得关于设备运行状况的详细信息，并实现对消防设施的全生命周期管理。

在消防维护保养方面，系统自动记录维护保养人员操作和设施状态，管理方可全面掌握消防维护保养工作的开展情况，对维护保养内容及质量进行监管，有效促进维护保养人员履职尽责。在消防巡检方面，该系统可以利用App进行消防设施自检、电子巡查，并将数据信号实时反馈，实现巡检全流程记录，并提供智能指导，可有效提升巡检效率，保证巡检工作的真实性和可追溯性。通过以上智能化实时监测、透明化监督管理机制，促使问题排查、维护保养、巡检工作保质保量完成，从而提升消防设施的可靠性。

此外，政府部门可借助消防设施物联网技术实时掌握社会单位的消防安全状况，使监管更为精准和高效，避免了传统监管中的盲区和滞后性。同时，系统支持自动记录和分析所有的监测数据，为监督部门打造消防数据底座、构建特色管理应用提供了决策支撑工具和海量数据支持，帮助监督部门洞察到消防安全管理中的趋势和模式，进一步改进和创新消防监管的方法和技术。

消防设施物联网系统技术的应用，有利于加强消防设施的全生命周期管理的可持续性，提高了消防设施的效能，为消防监督部门、物业和业主、消防维护保养单位提供了有效的应用平台，为智慧消防、大数据的建设提供了有力的技术支撑。此外，采用消防设施物联网系统对于促进消防技术的进步有着积极的社会效益，有利于消防的多主体参与，有利于重塑消防监督的模式，有利于加强城市的公共安全，为智慧消防、智慧城市建立基础。

1.4 消防设施物联网与智慧消防

随着经济的高速发展和城市化进程的加速，社会对于消防安全的要求也在不断提高。现代建筑物的规模日益扩大，且功能复杂多样，居住与工作环境密集度的提升无疑加剧了火灾发生的风险及其可能造成的后果。尽管我国消防行业在技术和设施的研究方面取得了显著进步，但面对火灾的不可预测性、突发性以及难以控制性，传统的消防管理模式显然已经难以满足当前社会的需求。这一现实迫切要求消防部门必须采取更为高效、智能的管理与救援方式。

在此背景下，我国积极推动智慧消防系统的构建。该系统基于物联网（IoT）、人工智能（AI）、虚拟现实（VR）等先进技术，并结合大数据和云计算平台，旨在实现火灾防控的自动化、执法监督的规范化、救援指挥的智能化以及队伍管理的精细化。智慧消防作为一种创新的解决方案，为消防安全管理与治理提供了新的机遇和挑战。将智慧消防运用在社会治理中，可以有效弥补过去缺少科学性、系统性以及前瞻性思考的，单纯依靠直觉、经验的决策模式所存在的不足，有效推动消防社会治理工作逐渐从碎片化转变为集约化、静态化转变为动态化、简单粗放转变为科学决策，从根本上转变传统人力治理的模式。

智慧消防是将物联网、云计算、大数据、人工智能等新一代信息技术充分运用于消防各项工作中，将各个环节的人、物、事件连接起来，通过全面感知、深度共享、协同融合，优化消防管理和服务，提高资源运用的效率，实现精细化动态管理和科学化高效处置，从而提升消防安全治理能力和全社会防灾减灾救灾能力。

消防设施物联网系统与城市消防远程监控系统均是智慧消防的应用形式之一，它们通过对传统消防设备进行智能化改造，实现了消防数据的实时采集、高效传输，有效地将消防监控和管理由以往的离散、被动、滞后模式，转变为一个集成、主动、实时的新模式，为建设更加安全、智能、高效的社会提供了强有力的技术保障。城市消防远程监控系统、消防设施物联网系统与智慧消防虽然都是为了保障消防安全而衍生出来的产物，但在概念、应用目的、应用对象和接入对象方面存在明显区别。表1-1为城市消防远程监控系统、消防设施物联网系统和智慧消防之间的主要区别。

城市消防远程监控系统、消防设施物联网系统、
智慧消防之间的主要区别 表1-1

维度	名称		
	城市消防远程监控系统	消防设施物联网系统	智慧消防
概念	对联网用户的火灾报警信息、建筑消防设施运行状态信息、消防安全管理信息进行接收、处理和管理，向城市消防通信指挥中心或其他接处警中心发送经确认的火灾报警信息，为消防部门提供查询，并为联网用户提供信息服务的系统	通过信息感知设备，按消防远程监控系统约定的协议，连接物、人、系统和信息资源，将数据动态上传至信息运行中心，把消防设施与互联网相连接进行信息交换，实现将物理实体和虚拟世界的信息进行交换处理并做出反应的智能服务系统	是一种先进的消防解决方案，涉及火灾防控、灭火救援、消防装备、队伍建设、教育培训等方方面面

维度	名称		
	城市消防远程监控系统	消防设施物联网系统	智慧消防
应用目的	消防车快速出警	提高消防设施的可靠性	实现火灾防控"自动化"、执法工作"规范化"、救援指挥"智能化"、队伍管理"精细化"
接入对象	火灾自动报警系统	消防设施	消防设施、监督管理、灭火救援等各要素

　　城市消防远程监控系统、消防设施物联网系统与智慧消防，不仅是对传统消防模式的重大突破和优化，也是面对现代社会复杂多变消防安全需求的有效应对，它们为全社会消防安全管理与治理开辟了新的路径，带来了新的机遇与挑战，预示着消防工作向更加科技化、智慧化的未来发展。

1.5　消防设施物联网的政策支撑

　　近年来，国家对于消防工作愈加重视，出台了一系列有关政策（表1-2），不断完善消防事业布局，推动信息技术与消防行业深度融合，助力传统消防向现代消防转变。

国家对智慧消防和消防领域信息化的部分政策文件　　表 1-2

序号	时间	政策文件名称	相关内容
1	2017 年	《关于全面推进"智慧消防"建设的指导意见》	建设城市物联网消防远程监控系统、建设基于"大数据""一张图"的实战指挥平台、建设高层住宅智能消防预警系统、建设数字化预案编制和管理应用平台、建设"智慧"社会消防安全管理系统
2	2017 年	《国务院办公厅关于印发消防安全责任制实施办法的通知》	消防安全重点单位应积极应用消防远程监控、电气火灾监测、物联网技术等技防物防措施
3	2019 年	《关于深化消防执法改革的意见》	运用物联网和大数据技术，实时化、智能化评估消防安全风险，实现精准监管，将消防监督执法信息全部纳入消防监督管理信息系统
4	2019 年	《消防救援队伍信息化发展规划（2019—2022）》	建立灾情模拟、分析研判、灾情演化、次生灾害研判等算法模型，打造交互式、学习型、能分析的消防 AI 助手，推动作战指挥模式由"传统经验型"向"科学智能型"转变
5	2020 年	《全国安全生产专项整治三年行动计划》	建立消防物联网监控系统，各地区积极推广应用消防安全联网检测、消防大数据分析研判等信息技术，推动建设基层消防网格信息化管理平台

序号	时间	政策文件名称	相关内容
6	2021 年	《"十四五"国家应急体系规划》	通过先进装备和信息化融合应用，实施智慧矿山风险防控、智慧化工园区风险防控、智慧消防、地震安全风险监测等示范工程
7	2022 年	《"十四五"国家消防工作规划》	深化"智慧消防"建设，补齐基础设施、网络、数据、安全、标准等短板，加快消防信息化向数字化智能化方向融合发展。全面升级消防信息网络结构，建设智能运维保障平台，积极参与国家应急指挥总部、区域应急救援中心信息化建设
8	2022 年	《"十四五"国家安全生产规划》	推动建立基层消防网格化信息管理平台，建设消防物联网监控系统和城市消防大数据库

在国家政策的号召下，各地积极响应号召开展"智慧消防"建设，结合自身实际情况和地区特色发布了相关政策，推动"传统消防"向"智慧消防"转变。据不完全统计，目前我国已有超过 23 个省（自治区、直辖市）出台了发展规划、管理规定、实施建议等促进智慧消防发展的政策。如：广东省 2021 年 9 月发布了《广东省消防"十四五"规划》，提出实施"智慧消防"建设工程；北京市 2021 年 12 月发布了《北京市"十四五"时期消防事业发展规划》，将新技术与消防

工作有机融合，推广应用物联传感、温度传感、水压监测、电气火灾监控、视频监控等感知设备，推进物联传感、多点监测试点建设，持续推进消防物联网监控系统建设；上海市2021年12月发布了《上海市建筑消防设施管理规定》，提出要依托城市运行"一网统管"平台，加强对消防设施物联网系统监控信息的分析和应用，为火灾防控、区域火灾风险评估、火灾扑救和应急救援提供数据支持。部分省份发布的智慧消防相关政策文件见表1-3。

部分省份发布的智慧消防相关政策文件　　　　表1-3

时间	政策文件名称	相关内容
上海市		
2020年	《上海市消防条例》	第二十四条 本市推动智慧消防建设，将其纳入"一网统管"城市运行管理体系，依托消防大数据应用平台，为火灾防控、区域火灾风险评估、火灾扑救和应急救援提供技术支持
2021年	《关于本市消防设施物联网系统联网工作的通知》	要求符合条件的建筑管理单位按照《消防设施物联网系统技术标准》DG/TJ 08—2251—2018要求设置消防设施物联网系统，并将监控信息实时传输至市消防大数据应用平台
2021年	《上海市建筑消防设施管理规定》	按照国家工程建设消防技术标准配置火灾自动报警系统、固定灭火系统和防烟排烟系统等消防设施的单位，应当按照有关规定配置消防设施物联网系统，并将监控信息实时传输至本市消防大数据应用平台，确保数据的真实性和完整性。 鼓励其他单位配置消防设施物联网系统，并与本市消防大数据应用平台对接

续表

时间	政策文件名称	相关内容
2022 年	《关于提高本市建筑消防设施物联网系统联网质量的通知》	重点推进"3 万平方米以上商业综合体""一类高层公共建筑"两类建筑联网工作
2023 年	《关于进一步加强本市消防基础设施建设的实施意见》	推进消防物联网组网。建立城市火灾风险物联感知体系，推进社会单位建筑消防设施物联网建设工作，消防数据对接平台优先接入超高层及高层公共建筑，轨道交通和达到一定规模的大型商业综合体、商务楼宇、地下空间、产业园区以及医疗、养老、学校等人员密集场所的建筑消防设施信息，并监测其运行情况。消防救援部门依托城市运行"一网统管"平台，加强对超高层等高风险建筑消防设施运行监测和隐患督改。各行业主管部门按照国家和本市有关标准督促行业单位提升改造、维护建筑消防设施，推动消防设施物联网系统建设。社会单位应确保建筑消防设施完好有效，积极建设和应用消防设施物联网系统
北京市		
2021 年	《北京市"十四五"时期消防事业发展规划》	将新技术与消防工作有机融合，推广应用物联传感、温度传感、水压监控、电气火灾监控、视频监控等感知设备，推进物联传感、多点监测试点建设，持续推进消防物联网监控系统建设
2023 年	《北京市单位消防安全主体责任规定》	第五条 本市鼓励和支持单位运用云计算、大数据、物联网、工业互联网和人工智能等新一代信息技术，提升消防安全管理的科技化、智能化水平，推进智慧消防建设

续表

时间	政策文件名称	相关内容
广东省		
2021 年	《广东省消防工作若干规定》	第十八条 各级人民政府可以根据本地区实际，将消防安全评估、消防安全宣传教育培训、火灾隐患整治技术支持和整治验收服务、智慧消防建设等纳入政府购买服务指导性目录
2021 年	《广东省消防"十四五"规划》	实施"智慧消防"建设工程
江苏省		
2018 年	《江苏省消防安全责任制实施办法》	第十八条 机关、团体、企业、事业等单位应当落实消防安全主体责任，履行下列职责：（七）积极应用大数据、物联网技术，推进消防安全管理信息化建设，采用消防设施联网监测、电气火灾监测等技防、物防措施
2021 年	《江苏省住宅物业消防安全管理规定》	第三十九条 支持住宅物业应用大数据、物联网技术，采用消防设施联网监测、火灾自动报警、电气火灾监测、电动车智能充电设施、电梯控制系统、消防设施器材传感器等技防、物防措施，提高住宅物业消防安全管理水平
浙江省		
2021 年	《浙江省消防事业发展"十四五"规划》	有序推进"智慧消防"系统建设，融入"智慧城市"大框架，加强与城市大脑、消防内部业务系统及其他平台的对接整合，打通网络和信息屏障
2021 年	《浙江省消防条例》	第六条 鼓励、支持运用大数据、物联网、云计算等先进技术，推进智慧消防建设

续表

时间	政策文件名称	相关内容
天津市		
2021 年	《天津市社会消防事业发展"十四五"规划》	深化智慧消防建设应用。将"智慧消防"融入"智慧城市"建设，引入社会力量参与建设，形成政府牵头、消防主导、多方参与、可持续发展的健康发展格局。建立城市消防大数据库，共享汇聚融合数据资源。推广应用物联感知技术，加快消防物联网建设

政策的支持极大地推动了消防设施物联网技术与智慧消防的发展。消防设施物联网已经成为现代城市消防安全不可或缺的组成部分，极大提升了紧急情况应对能力，保障了公共安全。

1.6　系统技术的发展阶段

随着社会的快速发展和技术的不断进步，我国消防领域技术经历了从初步的远程监控系统应用到物联网技术的引入，再到智慧消防建设的全面推进，最终融合数据分析与人工智能技术，形成了精细化的消防安全评估体系。这一发展过程标志着消防安全管理从简单的自动报警功能向着更加智能化、集成化、科学化的方向演进。每一个发展阶段不仅反映了技术进步对消防安全管理模式的影响，也显现了国家对提升消防安全治理能力、构建智慧消防体系的坚定决心和努力方向。

我国消防设施物联网技术发展的大致可分为 4 个阶段：萌芽期、初生期、成长期、成熟期，如图 1-3 所示。

图 1-3　国内消防设施物联网技术发展的关键节点

1. 萌芽期

最初，我国应用的火灾自动报警系统基本上以区域火灾自动报警系统、集中火灾自动报警系统和控制中心火灾自动报警系统为主。其安装形式主要为集散控制方式。这种系统一般都自成体系、自我封闭，不能实现系统间的资源和服务共享，发生火灾时，报警系统均是现场报警，消防值班人员只能采用电话方式进行报警，系统自身不能自动向城市"119"火警受理中心报告，不能反映现场情况。

20 世纪 90 年代中期，我国开展了"城市消防设施远程监控技术研究"，并在 21 世纪初得到了快速发展，相继在上海、浙江、天津等经济发达地区建立了类似的消防远程监控中心。2007 年，国家标准《城市消防远程监控系统技术规范》GB 50440—2007 正式发布，该标准对规范城市消防系统的联网、促进平安城市的建设和加大科技服务警务事业的力度均有积极推动作用。

城市消防远程监控系统的主要组成部分包括城市远程监控中心、联网用户及用户传输装置、报警传输网络、报警受理系统、信息查询系统和用户服务管理系统等。其中，城市远程监控中心由消防主管部门指定第三方单位作中介运营单位，配有专职技术管理人员进行24h值班，对报警受理系统进行及时的管理。用户传输装置安装在消防重点单位，联网用户获取单位内的消防报警主机数据，接收报警和故障信息。消防主管部门可以通过信息查询系统查询整个联网系统辖区内所有单位的报警、故障信息情况，用户可以通过用户服务管理系统查询本单位大楼的消防报警主机的工作状态以及报警设施的报警、故障情况等。

城市消防远程监控系统及时准确地反映了联网单位系统报警情况，解决了报警不能跟消防联动的问题，对提高社会单位自身管理水平和全社会火灾防控能力发挥了一定的作用，然而，其存在的局限性也不容忽视：

一是由于火灾自动报警系统的误报率太高，城市消防远程监控系统没有做到信息过滤，导致后期在提升社会单位内部的报警重视程度方面发挥的作用仍然有限。很多发达国家和地区，在城市级的消防远程监控中，单位的火灾自动报警系统控制中心直接与消防远程监控中心联网，并由24h值班的监控中心管理人员负责管理网络和处置报警呼叫，同时联系着火单位的值班人员和向消防指挥中心报告。

二是尽管众多城市建立了城市消防远程监控系统，其应用却主要局限于火灾自动报警功能，消防设施运行状态、设备完好率及联网单位的安全管理监测较为薄弱，未能充分发挥远程监控系统的潜能。

在城市消防远程监控系统应用效果不佳的情况下，消防设施物联网的概念被提出。

2. 初生期

消防设施物联网能够通过物联监测和物联巡查等技术手段，实施对消防设施的综合监管和定期检查，监督消防设施的维护保养，确保其状态良好，能在火灾发生时有效控制火势蔓延。

在持续的技术探索与实践中，我国首个消防设施物联网项目于 2008 年在上海文峰商厦成功试点，标志着消防设施物联网技术在实际应用中取得了突破性进展。该项目基于物联网技术，实现对消防通道、消防设施、主要道路、消防水泵等的实时监控，并提供地理信息系统（GIS）信息管理、消防预警、通道阻塞预警、消防设施防盗预警以及自动化泵房监控和管理等功能。

消防设施物联网的应用极大地提高了消防管理部门的信息收集速率，优化了消防安全工作流程，并显著降低了火灾风险。然而，由于建设成本高昂，消防设施物联网的普及面临较大阻力。图 1-4 为上海文峰商厦消防设施物联网项目平台界面。

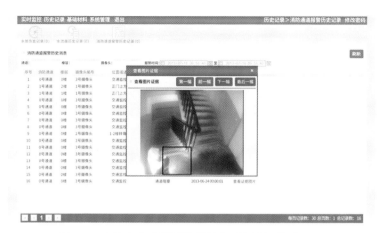

图 1-4　上海文峰商厦消防设施物联网项目平台界面

2015 年，上海新世界大丸百货的消防设施物联网项目正式落地，为消防设施物联网的建设再次开启了新篇章。该项目的成功实施，不仅表明这一技术在单位消防管理方面的有效性，也推动了消防设施物联网在全国范围内的进一步普及与发展。

同年，上海立项了首部消防设施物联网地方标准《消防设施物联网系统技术标准》DG/TJ 08—2251—2018。该标准的制定为后续消防设施物联网的建设与实施提供了技术规范和操作指导，确保了系统实施的规范性和有效性。

随后的发展中，消防设施物联网应用得到了进一步的完善和扩展。监控范围从最初的火灾自动报警系统逐渐拓展到自动喷水灭火系统、消火栓系统、防烟排烟系统等其他关键消防设施，实现了对这些设施的状态识别和动态监测。这些进步不仅为消防设施的综合管理提供了强有力的技术支持，也极大地提升了社会单位在消防设施管理方面的能力和效率。

通过这些技术的应用和不断的系统优化，消防设施物联网已成为现代消防管理中不可或缺的一部分，为实现更高效、更科学的消防安全管理提供了有力保障。

3. 成长期

随着消防设施物联网的深化应用以及技术的发展，行业先驱们逐渐认识到，仅仅实现数据的采集与展示并不能根本解决消防管理中的深层问题。数据中心在数据的分析处理能力上存在明显不足，尤其是在风险隐患的预警预测方面，缺乏专业判断，无法为火灾防控提供实质性建议。要使数据发挥价值，不仅需要收集和展示数据，更关键的是要通过正确的利用和分析，对数据进行深度挖掘，从而主动识别问题征兆并实现事前预警。

人工智能技术的崛起为消防设施物联网系统注入了新的活力。2018 年，上海瑞眼科技有限公司正式发布智能消防安全评估应用。通过将人工智能与物联网技术相结合，基于消防规范和技术标准，利用机器学习技术梳理出 6000 多个致灾因子，建立了专业的消防安全评估体系。

该体系能够根据评价体系和计算规则，对采集的数据进行抽取、聚合、重构，利用人工智能算法实现建筑消防安全状况的合格性评定。这种科学的方法论不仅改变了传统的隐患排查方式，还为灾前防控和风险治理提供了强有力的科学支持。利用百分制对建筑物安全等级进行准确评估，并列举相关的消防法律法规和规范标准，帮助相关人员精准排查安全隐患，提供解决问题的方法和途径。图 1-5 为消防设施物联网 1.0 与 2.0。

图 1-5　消防设施物联网 1.0 与 2.0

　　消防安全评估智能算法的应用极大地提升了火灾隐患处理的效率，显著提高了单位的消防安全管理水平。它有效解决了传统消防设施检查中"不会查、查不完"的普遍问题，引发了市场的热烈反响。这种创新应用不仅提供了衡量消防设施管理能力的标准，还为消防安全领域的现代化与智能化转型提供了有力支撑，标志着消防设施物联网在技术和应用层面取得重要进步。

　　4. 成熟期

　　近年来，消防设施物联网的迅速发展和数据资源池的日益扩大，为消防安全评估算法的优化提供了丰富的数据支撑。这些庞大的数据集不仅增强了算法的训练深度，还拓展了其应用广度，使得消防安全评估从传统的单一维度评估转向了更为复杂的多维度评估体系。

在这一过程中，评估模型经历了重要的演变，原有的算法被重新设计，以更全面地考虑各类致灾因子。这些致灾因子的权重划分经过精细调整，更加符合实际消防场景的需求，从而使评估结果更为合理和科学。2020 年，消防安全评估算法成功应用在了各行各业，提供了精确的风险分析和安全评级，极大地增强了管理者对建筑物和设施的消防安全管理能力，为政府监管部门以及行业管理者提供了重要管理工具。

随着消防设施物联网系统技术的持续发展和数据分析能力的不断增强，这些算法将继续提升，为智慧消防领域带来更多的创新和价值。

2

消防设施物联网系统的标准

2.1　国家标准

2009 年 8 月，"感知中国"被提出，物联网被正式列为国家五大新兴战略性产业之一。物联网在我国受到了全社会极大的关注。

在消防应急救援领域，虽然我国尚无以"消防物联网""消防设施物联网"等关键词命名的相关国家标准，但在消防设施物联网内容相关的国家标准或者规范研究方面，我国的科研机构、高等学校、企业等机构的起步较早，多年来也取得了较为丰硕的成果。

1. 国家标准《城市消防远程监控系统技术规范》GB 50440—2007 发布

2007 年 10 月 23 日，国家标准《城市消防远程监控系统技术规范》GB 50440—2007 发布，该标准自 2008 年 1 月 1 日起实施。该标准的发布对规范城市消防系统的联网、促进平安城市的建设和加大科技服务警务事业的力度均有积极推动作用。

国家标准《城市消防远程监控系统技术规范》GB 50440—2007规定了系统设计、系统施工、系统验收、系统的运行及维护等环节的技术要求，但在规范产品质量、性能和信息共享等方面尚需要相关技术标准的支持。

从城市消防远程监控系统（Remote-Monitoring System for Urban Fire Protection）的定义看，它指对联网用户的火灾报警信息、建筑消防设施运行状态信息、消防安全管理信息进行接收、处理和管理，向城市消防通信指挥中心或其他接处警中心发送经确认的火灾报警信息，为政府监管部门提供查询，并为联网用户提供信息服务的系统。可见，城市消防远程监控系统主要是针对火灾报警信息、建筑消防设施运行状态信息、消防安全管理信息这三方面联网信息服务的系统。

2. 国家标准《城市消防远程监控系统技术规范》GB 50440—2007 修订

《城市消防远程监控系统技术规范》GB 50440—2007 现处于修订状态，已经完成送审稿的审查会。其名称修订为《城市消防远程监控系统技术标准》。在该标准的修订中，编制组遵照国家有关法律、法规和技术标准，进行了广泛深入的调查研究，认真总结了我国消防远程监控系统工程建设方面的实践经验，分析了物联网、信息通信、大数据、云计算等技术的应用与发展状况，吸纳了信息技术发展的先进科研成果，参考了国内外相关标准。该标准共分 9 章和 7 个附录，主要内容有：总则、术语和缩略语、基本规定、信息采集设计、数据传输及交换设计、系统应用设计、施工、验收、运行和维护等。

此次修订的主要技术内容有：

（1）修改了体系架构和系统连接。

（2）将目前广泛应用、重要的火灾自动报警系统、消防给水及消火栓系统、自动喷水灭火系统、独立式探测报警器明确列入远程监控系统应监控范围，并对采集信息、接入方式等做出了明确规定。

（3）拓展系统使用用户。规定了联网单位、维护保养单位、消防救援机构、设备制造商、保险机构和社会公众等用户，在系统应用设计中规定各类用户的应用平台及相关功能设计要求。

（4）增加了移动终端 App 应用设计。

（5）将原标准第 4 章"系统设计"分解为第 4 章"信息采集设计"、第 5 章"数据传输及交换设计"、第 6 章"系统应用设计"，并删除原标准第 5 章内容。

3. 国家标准《城市消防远程监控系统》GB 26875 系列

2011 年 7 月 29 日，国家标准化管理委员会发布《城市消防远程监控系统》GB 26875 系列国家标准。该系列标准为首次发布，它适应了当前城市消防远程监控系统建设的发展需求，对于提高单位消防安全水平、保证建筑消防设施的完好性、实现消防监督工作的科技化、保护人身及财产安全发挥了积极作用。

《城市消防远程监控系统》GB 26875 系列国家标准，共 8 个部分。现行的版本为：

①《城市消防远程监控系统　第 1 部分：用户信息传输装置》GB 26875.1—2011；

②《城市消防远程监控系统 第 2 部分：通信服务器软件功能要求》GB/T 26875.2—2011；

③《城市消防远程监控系统 第 3 部分：报警传输网络通信协议》GB/T 26875.3—2011；

④《城市消防远程监控系统 第 4 部分：基本数据项》GB/T 26875.4—2011；

⑤《城市消防远程监控系统 第 5 部分：受理软件功能要求》GB/T 26875.5—2011；

⑥《城市消防远程监控系统 第 6 部分：信息管理软件功能要求》GB/T 26875.6—2011；

⑦《城市消防远程监控系统 第 7 部分：消防设施维护管理软件功能要求》GB/T 26875.7—2015；

⑧《城市消防远程监控系统 第 8 部分：监控中心对外数据交换协议》GB/T 26875.8—2015。

4. 国家标准《城市消防远程监控系统》GB 26875 系列修订

《城市消防远程监控系统》GB 26875 也在整体修订。具体情况如下：

①《城市消防远程监控系统 第 1 部分：通用技术要求》GB 26875.1，目的在于规定城市消防远程监控系统的架构及组成，并明确系统功能、性能、安全等相关要求；

②《城市消防远程监控系统 第 2 部分：通信服务器软件功能要求》GB/T 26875.2，目的在于规定城市消防远程监控系统中应用支撑平台通信服务软件实现的功能；

③《城市消防远程监控系统 第 3 部分：报警传输网络通

信协议》GB/T 26875.3，目的在于规定用户信息传输装置与应用支撑平台之间的传输协议；

④《城市消防远程监控系统 第4部分：基本数据项》GB/T 26875.4，目的在于规定城市消防远程监控系统中所包含的基本数据项；

⑤《城市消防远程监控系统 第5部分：受理软件功能要求》GB/T 26875.5，目的在于规定城市消防远程监控系统中应用支撑平台的人工受理坐席受理软件实现的功能；

⑥《城市消防远程监控系统 第6部分：信息管理软件功能要求》GB/T 26875.6，目的在于规定城市消防远程监控系统中应用支撑平台的信息管理软件实现的功能；

⑦《城市消防远程监控系统 第7部分：消防设施维护管理软件功能要求》GB/T 26875.7，目的在于规定城市消防远程监控系统中消防设施维护管理软件实现的功能；

⑧《城市消防远程监控系统 第8部分：监控中心对外数据交换协议》GB/T 26875.8，目的在于规定城市消防远程监控系统中监控中心与其他平台或者与外部系统之间的数据交换协议；

⑨《城市消防远程监控系统 第9部分：用户信息传输装置》GB/T 26875.9，目的在于规定城市消防远程监控系统中用户信息传输装置的功能、性能技术要求；

⑩《城市消防远程监控系统 第10部分：消防设施信息采集装置接口要求》GB/T 26875.10，目的在于规定城市消防远程监控系统中消防设施信息采集装置接口的要求。

目前以下标准已完成征求意见稿，正在按照流程要求推进中：

①《城市消防远程监控系统 第1部分：通用技术要求》GB 26875.1；

②《城市消防远程监控系统 第2部分：通信服务器软件功能要求》GB/T 26875.2；

③《城市消防远程监控系统 第5部分：受理软件功能要求》GB/T 26875.5；

④《城市消防远程监控系统 第6部分：信息管理软件功能要求》GB/T 26875.6；

⑤《城市消防远程监控系统 第9部分：用户信息传输装置》GB/T 26875.9；

⑥《城市消防远程监控系统 第10部分：消防设施信息采集装置接口要求》GB/T 26875.10。

2.2 地方标准和团体标准

2.2.1 地方标准

上海市工程建设规范《消防设施物联网系统技术标准》DG/TJ 08—2251—2018 于 2018 年 5 月开始实施。该标准为国内首部完整的消防设施物联网系统技术标准，对推进和规范上海的消防设施物联网系统建设起到积极的作用。该标准的实施，有利于智慧消防的建设，有利于形成消防大数据，有利于提高消防设施的维护、管理水平，对消防设施全生命周期的管理具有积极的意义。

《消防设施物联网系统技术标准》DG/TJ 08—2251—2018的目标是规范消防设施物联网系统的科学合理设计，保障施工质量，规范验收和维护管理，强化消防设施的检查和测试，提高消防设施的完好率，预防和减少火灾危害，保护人身和财产安全。该标准适用于上海市工业、民用、市政等建设工程的消防设施物联网系统的设计、施工、验收和运维管理，共分为9章，其主要内容有：总则、术语、基本规定、系统感知设计、系统传输设计、系统应用、施工、系统调试与验收、运维管理。该标准的编制注重先进性与引导性、新颖性与地方性、实用性与可操作性。在方向的引领性方面，以现行的国家标准原则为指导，该标准提出了消防设施应用物联网技术的架构，引入新理念，从体系上规范了消防设施物联网系统的运用与发展，对提高消防设施的可靠性具有引导作用。在技术的指导性方面，创新工作方法，采用了相关的专利技术，强调技术发展的先导作用，结合上海市消防设施物联网应用的经验，提出了不同应用平台的具体要求。在实践的示范性方面，注重新领域，扩大消防设施物联网系统的应用，形成细化、标准化的可操作性内容。

目前我国消防设施物联网系统相关的地方标准有十多部，详见表2-1。这些地方标准包括技术标准和平台接口标准，其主要的内容还是按上海市地方标准的编写架构开展，但有些增加了独立式火灾报警装置的接入。从《消防设施物联网系统技术标准》DG/TJ 08—2251—2018实施至今，各地也相继出台消防设施物联网系统相关的标准，表明社会发展对这一技术的迫切需求。

目前我国消防设施物联网系统相关的地方标准　　　表 2-1

序号	标准号	标准名称	发布日期	实施日期	发布部门
1	DB43/T 846—2013	《消防安全物联网系统建设技术规范》	2013 年 12 月 23 日	2014 年 1 月 1 日	湖南省质量技术监督局
2	DB11/T 1285—2015	《物联网感知设备通用信息安全技术要求》	2015 年 12 月 30 日	2016 年 4 月 1 日	北京市市场监督管理局
3	DG/TJ 08—2251—2018	《消防设施物联网系统技术标准》	2018 年 1 月 4 日	2018 年 5 月 1 日	上海市住房和城乡建设管理委员会
4	DB12/T 949—2020	《消防设施物联网监控系统技术标准》	2020 年 6 月 29 日	2020 年 8 月 1 日	天津市市场监督管理委员会
5	DB36/T 1297—2020	《城市消防物联网大数据应用平台物联设施设备接口规范》	2020 年 10 月 30 日	2020 年 10 月 30 日	江西省市场监督管理局
6	DB36/T 1296—2020	《城市消防物联网大数据应用平台接口规范》	2020 年 10 月 30 日	2020 年 10 月 30 日	江西省市场监督管理局
7	DB43/T 2234—2021	《消防物联网感知系统建设管理规范》	2021 年 12 月 7 日	2022 年 2 月 7 日	湖南省市场监督管理局
8	DB12/T 1170—2022	《建筑消防设施物联网监控系统运维管理规范》	2022 年 11 月 22 日	2023 年 1 月 1 日	天津市市场监督管理委员会
9	DB 32/T 4220—2022	《消防设施物联网系统技术规范》	2022 年 3 月 18 日	2022 年 4 月 18 日	江苏省市场监督管理局

序号	标准号	标准名称	发布日期	实施日期	发布部门
10	DB33/T 2477—2022	《消防物联网系统对接技术规范》	2022年4月3日	2022年5月3日	浙江省市场监督管理局
11	DB52/T 1727—2023	《消防设施物联网系统技术规范》	2023年4月12日	2023年10月1日	贵州省市场监督管理局
12	DB4403/T 264—2022	《消防设施物联网系统技术要求》	2022年9月29日	2022年11月1日	深圳市市场监督管理局
13	DB33/T 1320—2023	《消防物联网运营服务规范》	2023年10月10日	2023年11月10日	浙江省市场监督管理局
14	DB 1502/T 017—2023	《工业企业消防系统物联网技术管理规程》	2023年11月13日	2023年12月13日	包头市市场监督管理局
15	DB14/T 2863—2023	《城市消防远程监控系统技术规范》	2023年10月31日	2024年1月31日	山西省市场监督管理局
16	DB 31/T 1465—2024	《消防设施物联网系统运行平台数据传输导则》	2024年4月2日	2024年7月1日	上海市市场监督管理局

2.2.2　团体标准

目前我国已有10部与消防设施物联网系统相关的团体（协会）标准，详见表2-2。这些标准涵盖了消防设施物联网系统的建设、运营、技术要求以及设备选型等多个方面，旨在提高消防设施物联网系统的技术水平和运营效率。

目前我国消防设施物联网系统相关的团体（协会）标准　表 2-2

序号	标准号	标准名称	发布日期	实施日期	发布部门
1	T/CFPA 032—2023	《社会单位消防物联网系统建设及运营技术规程》	2023 年 10 月 25 日	2024 年 1 月 1 日	中国消防协会
2	T/CECS 950—2021	《建设工程消防物联网系统技术规程》	2021 年 11 月 19 日	2021 年 12 月 24 日	中国工程建设标准化协会
3	T/CAICI 20—2020	《通信建筑消防物联网通用技术规程》	2020 年 5 月 20 日	2020 年 6 月 1 日	中国通信企业协会
4	T/HBSIA 002—2022	《消防物联网系统技术规范》	2022 年 12 月 23 日	2023 年 1 月 1 日	湖北省软件行业协会
5	T/SXSZCY 0001—2023	《智慧消防物联网设备选型技术规范》	2023 年 3 月 23 日	2023 年 3 月 24 日	山西省数字产业协会
6	T/GDJR 001—2023	《金融机构智慧消防物联网通用技术规程》	2023 年 10 月 30 日	2023 年 12 月 1 日	广东省金融科技学会
7	T/SHFIA 001—2018	《无线消防物联网系统规范》	2018 年 3 月 6 日	2018 年 3 月 15 日	上海应急消防工程设备行业协会
8	T/SHXFXH 01—2020	《消防设施物联网施工和维护规程》	2020 年 12 月 30 日	2021 年 1 月 1 日	上海市消防协会
9	T/SHDSGY 151—2022	《消防物联网远程监控管理系统》	2022 年 11 月 30 日	2022 年 11 月 30 日	上海都市型工业协会
10	T/YTFPA 0001—2019	《鹰潭市消防物联网系统建设指南》	2019 年 7 月 10 日	2019 年 7 月 16 日	鹰潭市消防协会

2.3　国外标准

2.3.1　英国和欧洲标准

《Monitoring and Alarm Receiving Centre》BS EN 50518:2019+A1:2023，中文名称为《监控和报警接收中心》，是一部英国和欧洲标准，由欧洲电工标准化委员会（CENELEC）批准。它规定了监控、接收和处理作为整体消防、安全和安保解决方案一部分的报警系统所产生的报警信息的最低要求。这包括从各种安全和安保报警系统接收的故障、状态和其他信息，如火灾探测和报警系统、入侵和拦截报警系统、出入控制系统、视频监控系统等。规范提出了两类报警接收中心（ARC）的要求：第一类和第二类，其中第一类的设计、建造和运行在结构、安全和完整性方面的标准更高。规范涵盖了ARC的规划、建筑要求、报警系统要求、电力供应、报警管理系统以及ARC的运作等方面。

该标准是基于多个具体的欧洲和国际标准编写的，旨在确保报警信息的有效处理，以保护人员和财产安全。它还提供了对ARC进行分类的指导，说明了不同类型的ARC应该如何规划、建造和运营，以满足不同级别的安全要求。此外，它强调了ARC在处理报警信息时必须遵守的法律和合同方面的考虑。

通过遵循这一标准，ARC可以确保它们在接收、处理和响应报警方面的操作达到了一定的行业标准，从而提高了安全和保护水平。其中性能标准——信息处理要求的指标应符合与每个客户在合同中商定的绩效标准，至少应符合以下标准：对于抢劫报警、火灾报警、固定灭火系统报警、人员监控以及其他被认为最高优先级别的报警，收到 80% 的警报的时间为 30s，收到 98.5% 的警报的时间为 60s；所有其他报警条件为收到 80% 的警报的时间为 90s，收到 98.5% 的警报的时间为 180s。

该标准和《城市消防远程监控系统技术规范》GB 50440—2007 远程监控系统的性能指标差异较大，其中《城市消防远程监控系统技术规范》GB 50440—2007 第 4.2.2 条规定如下：

（1）监控中心应能同时接收和处理不少于 3 个联网用户的火灾报警信息。

（2）从用户信息传输装置获取火灾报警信息到监控中心接收显示的响应时间不应大于 20s。

（3）监控中心向城市消防通信指挥中心或其他接处警中心转发经确认的火灾报警信息的时间不应大于 3s。

（4）监控中心与用户信息传输装置之间通信巡检周期不应大于 2h，并能动态设置巡检方式和时间。

我国地方标准和团体标准也都引用了不大于 20s 这个性能指标。由该性能指标对比可以看出，我国的要求更严格。

《Processing of Alarm Signals by an Alarm Receiving Centre — Code of Practice》BS 9518:2021，中文名称为《报警接收中心对报警信号的处理—业务守则》。该标准是关于 ARC 处理报警信号的实践指南。它详细说明了远程中心的规划、建造、设施以及操作 ARC 接收报警系统信号的过程。该标准分为多个部分，涵盖了一般原则、侵入和抢劫报警监控、火灾报警系统、社会报警系统、视频监控系统（VSS）的信号处理等内容。

此外，它还包括了对警报信号的分类、报警接收中心的建筑和设施要求、操作流程、记录保持，以及与报警系统相关的各种术语和定义。该标准强调了在接收和处理报警信号时，保持高标准的安全性和效率的重要性，并提供了相关的建议和指导。

2.3.2 美国标准

《National Fire Alarm and Signaling》NFPA 72 中的第 26 章 [Supervising Station Alarm Systems（监控站报警系统）] 特别聚焦于中央监管中心、社会单位监管中心和远程监管中心三种服务以及各种传输技术的要求。它详细说明了在受监控的建筑物或结构中安装和运营报警系统的性能要求，包括如何处理来自防护场所的火灾报警系统的信号，这些信号可能来自烟雾和热探测器、手动火警箱等（图 2-1）。

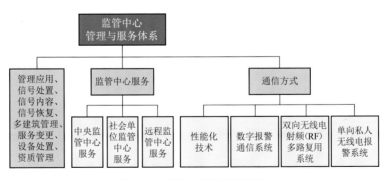

图 2-1　监控站报警系统架构

此外，该标准还对监管中心的概念进行了定义，可以是中央监管中心、社会单位监管中心或远程监管中心，这取决于系统的组织结构。重要的是，任何以该标准约定的数据格式向监控站发送信号的系统，都可视为监控站报警系统。

2.4 服务商相关认证

2.4.1 英国 NSI 认证

NSI（National Security Inspectorate）是英国在安全系统、保安服务和消防安全领域的首屈一指的认证机构，也是由 UKAS（United Kingdom Accreditation Service）认可的独立认证机构。通过对 ARC 进行认证，确保这些中心的操作、管理和服务质量达到高标准，从而提供可靠和有效的安全保障。

ARC 公司负责接收和处理来自客户的各种报警信号，包括入侵报警、火灾报警、紧急求助报警等。通过 NSI 认证的 ARC 公司表明其在各个方面都达到了严格的标准，能够为客户提供高水平的安全监控和响应服务。这种认证增加了客户对 ARC 公司的信任，确保他们在紧急情况下能够依赖这些中心的服务。此外，许多保险公司对 NSI 认证的公司及其安装的系统给予高度认可，经常提供费用折扣作为激励。这一优惠措施基于认证公司符合严格的行业标准，从而降低了保险公司在安全和消防领域潜在的风险暴露。因此，NSI 认证不仅代表了安全技术和服务质量的保证，也为被认证的企业提供了经济上的直接益处。其认证标识分为金牌和银牌，如图 2-2 所示。

图 2-2　NSI 认证标识

金牌认证系根据 ISO 9001 和 NSI 质量计划运行质量管理体系。所有 NSI 批准的 ARC 必须符合 BS EN ISO 9001 质量管理体系要求。ISO 9001 是全球最受认可的管理体系，它是 NSI 金牌认证的基石。

全英国一共有 57 家获得 NSI 认证的 ARC 公司，按照以下标准进行认证：

- 《NSI 质量计划》SSQS 102；
- 《探测器激活闭路电视系统》BS 8418；
- 《单独工作人员设备监控》BS 8484；
- 《监控和报警接收中心》BS EN 50518。

2.4.2　美国 FM 认证

FM Global 的正式名称为 Factory Mutual Insurance Company，是一家互助保险公司，总部位于罗得岛州约翰斯顿。该公司专注于防损服务，主要为全球大型企业提供服务，在高度保护风险（HPR）财产保险市场中占有重要地位。

该公司提供一系列服务，包括风险评估、风险管理咨询和财产保险。FM Global 利用科学研究和工程原理，协助客户识别和减轻潜在的财产风险，从而减少可能导致财务损失的事件。FM Global 的独特之处在于，它强调灾害预防而非单纯的风险转移。这种方法涉及帮助客户实施预防措施以降低风险的可能性，而不是仅仅补偿事件后的损失。

FM Global 的业务遍及各个行业，包括化工、电子、发电、食品加工、制药、造纸、石油和天然气、零售以及仓储和物流等，其独特的工程重点和对科学研究的承诺为其客户提供了竞争优势，特别是那些认为高质量风险管理对其业务运营至关重要的客户。

此外，FM Global 还积极参与与损失预防和风险管理相关的研究工作，包括在其研究基地内进行测试和研究，以便相关人员更好地理解和创新解决方案来应对火灾、自然灾害和其他财产风险。这种研究驱动的方法不仅使其客户受益，也对整个保险行业和风险管理实践产生了深远影响。

在对物联网服务商的认证标准方面，FM 认证的标准号为：Approval Standard 3011。

相关标准规定了火灾报警和防护设备监督的中央站服务的测试和认证要求。验证其是否符合美国国家防火协会（NFPA）发布的《国家火灾报警和信号规范》NFPA 72 中的适用要求的认证做法。

2.4.3　美国 UL 认证

UL（Underwriters Laboratories）是一家总部设在美国的全

球领先的安全科学公司，自 1894 年成立以来，一直致力于推动更安全的工作与生活环境。作为安全科学领域的先锋，UL为多个行业提供了全面的服务，包括安全认证、测试、检验、审核、验证、咨询和教育。

UL 认证的标志广泛出现在电器、计算机设备、家居用品、医疗设备以及建筑材料等数百万产品上。通过运用先进的科学研究、安全分析和风险评估，UL 帮助客户应对复杂挑战，并推动创新的安全解决方案的实现。

除了基本的测试和认证服务，UL 还深入参与研究与发展工作，致力于通过科学研究推动其安全使命的实现。这包括对新技术、新材料和新制造过程的研究，其研究成果不仅帮助定义了新的标准和政策，还指导了行业和市场朝向更安全、更可持续的发展方向。

在对物联网服务商的认证标准方面，UL 认证的标准号为：UL 827 Standard for Safety Central-Station Alarm Services。

《中央站报警服务》UL 827:2020 是针对中央站报警服务的安全要求。它涵盖了提供守卫、火警和监督服务的中央站的要求，包括中央站防盗报警系统、住宅监控站、冗余站点和远程信号管理中心。

3

系统技术的应用现状

3.1　系统应用的设置

3.1.1　相关的设置要求

1.行政文件的规定

（1）《关于全面推进"智慧消防"建设的指导意见》

原公安部消防局发布的《关于全面推进"智慧消防"建设的指导意见》提出，建设城市物联网消防远程监控系统、建设基于"大数据""一张图"的实战指挥平台、建设高层住宅智能消防预警系统、建设数字化预案编制和管理应用平台、建设"智慧"社会消防安全管理系统，打造城市消防远程监控系统"升级版"。

（2）《上海市消防条例》

上海市人民代表大会常务委员会在 2020 年 3 月 19 日公布的《上海市消防条例》（施行日期：2020 年 5 月 1 日）中，增加了消防设施物联网系统设置的要求。其第三章的第二十四条指出：

本市推动智慧消防建设，将其纳入"一网统管"城市运行管理体系，依托消防大数据应用平台，为火灾防控、区域火灾风险评估、火灾扑救和应急救援提供技术支持。

应急管理、公安、交通、住房城乡建设管理、经济信息化、民政、市场监管、民防、气象、教育、卫生健康、商务、文化旅游、生态环境、国有资产监督管理等部门以及供水、供电、供气、通信等公用企业应当共享与消防安全管理相关的监管和服务信息。

本市推动消防设施物联网系统建设，加强城市消防远程监控。相关单位应当按照国家工程建设消防技术标准，配置火灾自动报警系统、固定灭火系统和防排烟系统等消防设施，并按照有关规定设置消防设施物联网系统，将监控信息实时传输至消防大数据应用平台。

鼓励其他单位设置消防设施物联网系统。

（3）《关于本市消防设施物联网系统联网工作的通知》

2021年，上海市消防救援总队在《关于本市消防设施物联网系统联网工作的通知》中明确，上海市下列范围内建筑管理单位应按照《消防设施物联网系统技术标准》DG/TJ 08—2251—2018要求设置消防设施物联网系统并将监控信息实时传输至市消防大数据应用平台：设有火灾自动报警系统的建筑；设有固定灭火系统的建筑。

（4）《关于提高本市建筑消防设施物联网系统联网质量的通知》

2022年，上海市消防救援总队在《关于提高本市建筑消防设施物联网系统联网质量的通知》中指出，联网单位可自行或委托物联网服务商建设物联网系统，应按照《消防设施物联网系统技术标准》DG/TJ 08—2251—2018 建设物联网系统，系统应取得《计算机软件著作权登记证书》《软件测评报告》《国家信息系统安全等级保护备案证明》。

2. 技术标准的要求

（1）城市消防远程监控系统的设置

①《建筑设计防火规范（2018 年版）》GB 50016—2014

在国家标准《建筑防火通用规范》GB 55037—2022、《消防设施通用规范》GB 55036—2022 中，均未涉及"远程监控""消防物联网"的规定。但在《建筑设计防火规范（2018 年版）》GB 50016—2014 中唯一提及"城市消防远程监控系统"的情况为第 8.1.7 条 5 款。具体的条文为：

8.1.7 设置火灾自动报警系统和需要联动控制消防设备的建筑(群)应设置消防控制室。消防控制室的设置应符合下列规定：

1 单独建造的消防控制室，其耐火等级不应低于二级；

2 附设在建筑内的消防控制室，宜设置在建筑内首层或地下一层，并宜布置在靠外墙部位；

3 不应设置在电磁场干扰较强及其他可能影响消防控制设备正常工作的房间附近；

4 疏散门应直通室外或安全出口；

5 消防控制室内的设备构成及其对建筑消防设施的控制与显示功能以及向远程监控系统传输相关信息的功能，应符合现行国家标准《火灾自动报警系统设计规范》GB 50116 和《消防控制室通用技术要求》GB 25506 的规定。

②《火灾自动报警系统设计规范》GB 50116—2013

在国家标准《火灾自动报警系统设计规范》GB 50116—2013 中，仅 3 处出现"远程监控"名词。具体如下：

3.2.2 条文说明　本条规定了区域报警系统的最小组成，系统可以根据需要增加消防控制室图形显示装置或指示楼层的区域显示器。区域报警系统不具有消防联动功能。在区域报警系统里。可以根据需要不设消防控制室，若有消防控制室，火灾报警控制器和消防控制室图形显示装置应设置在消防控制室；若没有消防控制室，则应设置在平时有专人值班的房间或场所。区域报警系统应具有将相关运行状态信息传输到城市消防远程监控中心的功能。

3.4.2　消防控制室内设置的消防设备应包括火灾报警控制器、消防联动控制器、消防控制室图形显示装置、消防专用电话总机、消防应急广播控制装置、消防应急照明和疏散指示系统控制装置、消防电源监控器等设备或具有相应功能的组合设备。消防控制室内设置的消防控制室图形显示装置应能显示本规范附录 A 规定的建筑物内设置的全部消防系统及相关设备的动态信息和本规范附录 B 规定的消防安全管理信息，并应为远程监控系统预留接口，同时应具有向远程监控系统传输本规范附录 A 和附录 B 规定的有关信息的功能。

3.4.2 条文说明　消防控制室是建筑消防系统的信息中心、控制中心、日常运行管理中心和各自动消防系统运行状态监视中心，也是建筑发生火灾和日常火灾演练时的应急指挥中心；在有城市远程监控系统的地区，消防控制室也是建筑与监控中心的接口，可见其地位是十分重要的。每个建筑使用性质和功能各不相同，其包括的消防控制设备也不尽相同。作为消防控制室，应将建筑内的所有消防设施包括火灾报警和其他联动控制装置的状态信息都能集中控制、显示和管理，并能将状态信息通过网络或电话传输到城市建筑消防设施远程监控中心。附录A中规定的内容就是在消防控制室内，消防管理人员通过火灾报警控制器、消防联动控制器、消防控制室图形显示装置或其组合设备对建筑物内的消防设施的运行状态信息进行查询和管理的内容。

③《城市消防远程监控系统技术规范》GB 50440—2007

对于远程监控系统设置的规定，在《城市消防远程监控系统技术规范》GB 50440—2007中得到体现。具体的要求如下：

3.0.1 远程监控系统的设置应符合下列要求：

1 地级及以上城市应设置一个或多个远程监控系统，单个远程监控系统的联网用户数量不宜大于5000个。

2 县级城市宜设置远程监控系统，或与地级及以上城市远程监控系统合用。

3.0.2 远程监控系统的监控中心应符合下列要求：

1 为城市消防通信指挥中心或其他接处警中心的火警信息终端提供确认的火灾报警信息。

2 为公安消防部门提供火灾报警信息、建筑消防设施运行状态信息及消防安全管理信息查询。

3 为联网用户提供自身的火灾报警信息、建筑消防设施运行状态信息查询和消防安全管理信息等服务。

3.0.3 远程监控系统的联网用户应符合下列要求：

1 设置火灾自动报警系统的单位，应列为系统的联网用户；未设置火灾自动报警系统的单位，宜列为系统的联网用户。

2 联网用户应按附录A的内容将建筑消防设施运行状态信息实时发送至监控中心。

3 联网用户应按附录B的内容将消防安全管理信息发送至监控中心。其中，日常防火巡查信息和消防设施定期检查信息应在检查完毕后的当日内发送至监控中心，其他发生变化的消防安全管理信息应在3日内发送至监控中心。

7.1.1 远程监控系统竣工后必须进行工程验收。工程验收前接入的测试联网用户数量不应少于5个，验收不合格不得投入使用。

（2）消防设施物联网系统的设置

①上海市工程建设规范《消防设施物联网系统技术标准》DG/TJ 08—2251—2018

该标准在3.2节中明确了消防设施物联网系统的设置范围。具体的要求如下：

3.2.1 设有下列自动消防系统(设施)之一的建筑物或构筑物，应设置消防设施物联网系统：

1 自动喷水灭火系统；

2 机械防烟或机械排烟系统（设施）；

3 火灾自动报警系统。

3.2.2 当需要设置消防设施物联网系统时，建筑物或构筑物内的消防给水及消火栓系统、自动喷水灭火系统、机械防烟和机械排烟系统、火灾自动报警系统应接入消防设施物联网系统，其他消防设施宜接入消防设施物联网系统。

②天津市地方标准《消防设施物联网监控系统技术标准》DB12/T 949—2020

该标准要求：设有下列自动消防系统（设施）之一的建（构）筑物，应设置消防设施物联网监控系统：

——火灾自动报警系统；

——消防给水及消火栓系统；

——自动喷水灭火系统；

——电气火灾报警系统；

——机械防烟和机械排烟系统（设施）。

③湖南省地方标准《消防物联网感知系统建设管理规范》DB43/T 2234—2021

该标准要求：消防物联网感知系统的单位应将本单位设有的消防给水及消火栓系统、火灾自动报警系统、防烟排烟系统、可燃气体报警系统、电气火灾监控系统、视频监控系统以及自动喷水灭火系统、气体灭火系统等灭火系统接入消防物联网感知系统，其他消防设施宜接入消防物联网感知系统。

④贵州省地方标准《消防设施物联网系统技术规范》DB52/T 1727—2023

该标准要求：已有下列消防系统（设施）的，应接入消防设施物联网系统：

a）火灾自动报警系统；

b）消防供水系统（消防水池/水箱）；

c）自动喷水灭火系统及消火栓系统；

d）机械防烟和机械排烟系统；

e）用电安全监测系统；

f）可燃气体监控系统；

g）人员巡查和值守系统。

⑤深圳市地方标准《消防设施物联网系统技术要求》DB 4403/T 264—2022

该标准要求：设有火灾自动报警系统或自动喷水灭火系统的建筑物或构筑物应设置消防设施物联网系统。

3.1.2　设置的现状

我国正积极推动消防设施物联网系统的建设。据不完全统计，到目前为止，已有超过 23 个省（自治区、直辖市）出台了发展规划、管理规定、实施建议等促进消防设施物联网系统建设的政策，旨在加快消防设施物联网系统的布局和发展。相关的消防设施物联网系统的地方标准有 16 部，团队标准有 10 部，为消防设施物联网系统的实施提供了规范和指导。从总体上看，消防设施物联网系统的建设正在有序且深入推进中，但在具体实施过程中仍面临一些挑战和不足。

一方面，许多老旧建筑的消防设施由于长时间的使用和维护不当，已经严重老化或功能失效，这使得在这些建筑中部署消防设施物联网系统变得具有挑战性，甚至在某些情况下失去了实际的应用意义。对这类建筑，仅仅通过简单的物联网技术接入并不能从根本上解决安全隐患，需要结合建筑的实际情况进行综合评估和系统升级。另一方面，部分社会单位在执行消防设施物联网建设项目时，常常因成本原因选择最低配置，这种做法虽然短期内减轻了经济负担，但却可能削弱系统的功能性和效能。例如，在自动喷水灭火系统的监测配置中，多数单位仅监测关键点如喷淋泵状态、主管网压力、最不利点压力，而忽视了对每个喷淋末端压力的监控，这种有限的监测虽然能提供基本的系统状态数据，但并不能全面评估系统在实际火灾情况下的响应能力。

在消防设施物联网系统的设计与设置中，也存在监控点未被全面考虑的问题。特别是在低温条件下，环境温度对消防管网的影响尤为关键。当环境温度低于4℃时，水结成冰产生的膨胀力可能导致消防管道破裂。然而，当前许多消防设施物联网系统中尚未普及对消防管网内水温的监测，缺乏对低温条件下潜在风险的预警能力。

此外，湿式报警阀的报警控制阀开关状态的监控也应纳入消防设施物联网系统中。湿式报警阀作为自动喷水灭火系统的核心组件，其正常功能对于火灾应急响应至关重要。在正常状态下，由于阀瓣的自重和水压差，阀瓣应保持关闭状态，在火灾发生时，阀瓣应迅速打开，以供水至喷头。如果报警控制阀被错误地关闭，即便在火灾发生时，水流也无法通过报警阀触发压力开关报警进而使自动喷水系统发挥功能。因此，监测湿式报警阀的报警控制阀的开关状态对于确保系统在紧急情况下的正常运作具有一定的必要性。

通过加强这些关键点的监控，不仅可以提高系统的防护能力，还能确保在各种环境条件下消防系统的功能不受影响，从而提升整个消防安全管理的效率和可靠性。这些改进将优化消防设施物联网系统的监测功能，使其更能满足实际应用需求。

3.2 系统技术的应用

上海市工程建设规范《消防设施物联网系统技术标准》DG/TJ 08—2251—2018 中的消防设施物联网系统架构图如图 3-1 所示，系统体系架构自下而上分为感知层、传输层、应用层、管理层。感知层主要是消防设施数据采集，数据采集可采用传感器、电子标签、视频采集终端、物联监测、物联巡查；传输层包括数据传输协议、传输安全和传输网络；应用层主要是采用支撑服务技术，并通过信息运行中心进行数据应用；管理层包括消防数据交换应用中心和管理中心，并对消防设施物联网系统进行监管。

国家标准《城市消防远程监控系统技术标准（征求意见稿）》GB 50440—202× 中的远程监控系统构成图如图 3-2 所示。远程监控系统采用层次化、模块化设计，由感知层、传输层、支撑层、应用层组成。感知层采集消防设施的运行状态信息，传输层实现系统的数据传输，支撑层实现数据收集、数据处理、数据存储和数据分发功能，应用层提供管理服务和应用服务。在该标准中，还增加了远程监控系统连接图，如图 3-3 所示。远程监控系统的连接以应用支撑平台为中心，联网单位消防设施运行状态信息通过有线／无线网络接入应用支撑平台。应用支撑平台应能为远程监控系统联网单位、维保单位、设备制造商、保险机构和社会公众提供相关业务数据应用服务。市级综合管理平台的数据可由 1 个或多个应用支撑平台提供，国家、省级、市级综合管理平台应纵向互联互通。

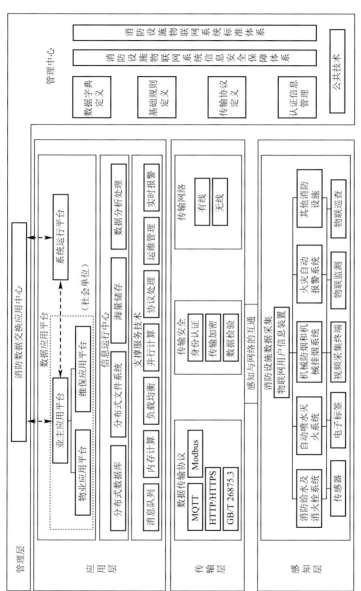

图 3-1 消防设施物联网系统架构图

应用支撑平台应能为行业应用（管理）平台提供数据服务，支持相应的行业应用。同时，应按行业联网单位所属地理区域为本级综合管理平台提供数据应用服务。各级综合管理平台应能为远程监控系统外其他信息系统提供数据共享和应用服务。

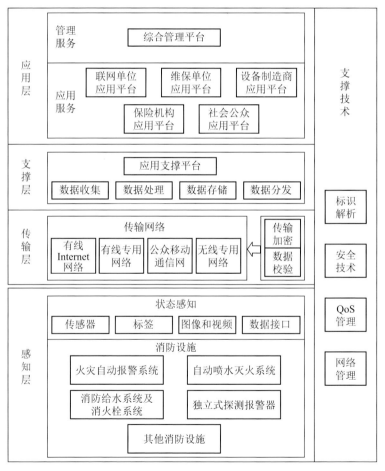

图 3-2　远程监控系统构成图

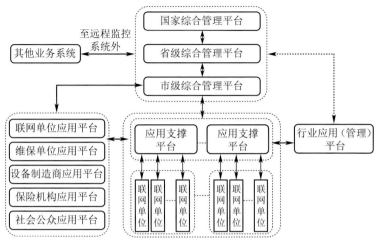

图 3-3　远程监控系统连接图

3.2.1　感知层面

感知设备在消防设施物联网的数据采集方面起到了至关重要的作用。随着消防技术的进步，多种新型感知设备不断涌现，极大地拓宽了消防监测的范围。这些设备不是仅限于传统的火灾自动报警系统运行状态的监测，而是已扩展到消防水泵控制柜、风机控制柜、消防管网水压、水温及流量、消防水箱（池）液位等各个维度消防设施重要数据的监测，如图 3-4 所示。这些感知设备能够实时采集并传输相关数据，提供了更全面、更细致的环境监控。

随着数据采集深度和广度的深入拓展，感知数据不断增多和变得多样化，为消防设施物联网系统的应用提供了丰富的数据支撑，极大地促进了消防设施的智能化管理，为预防和应对火灾等紧急情况奠定了坚实的基础。

云计算中心

消防物联网网关　水系统信息装置　电气在线监测装置　压力传感器　液位传感器　风系统信息装置　智能视频分析设备　无线门磁

图 3-4　部分消防设施物联网感知设备示意

在这个发展过程中，虽然物联网感知技术取得了显著进展，但系统的标准化和兼容性问题依然存在，影响了整体的效率和经济性。目前，市场上只有少数设备有国家标准协议以及CCCF 认证（中国强制性产品认证），而其他感知设备却缺乏统一的传输协议和质量认证体系。

这种缺乏标准化的现状导致感知设备的质量参差不齐，不同厂商生产的相同类型设备之间的传输协议不统一。这不仅为物联网服务商在整合和对接各类设备时带来技术上的挑战，还增加了操作的复杂性。每当更换物联网服务提供商或升级系统时，已安装的感知设备往往因不兼容新系统的协议而无法继续使用，迫使社会单位不得不重新投资于新的感知设备建设，从而增加了额外的成本。

为解决这些问题并提升系统的标准化和互操作性，相关行业标准化组织应制定和推广统一的感知设备传输协议标准，以确保不同厂商生产的设备能够在同一平台上无缝协作。同时，建立一个全面的质量认证体系，对所有消防设施物联网感知设备进行严格的质量控制和认证，保证设备的可靠性和性能。设备制造商、物联网服务商和标准化机构应加强合作，共同制定和维护设备和服务的兼容性标准。

3.2.2　传输层面

目前消防设施物联网的传输方式多样，每种技术都有其独特的优势和局限性，适用于不同的应用场景。主流的消防设施物联网传输技术如图 3-5 所示。

图 3-5　主流的消防设施物联网传输技术

1. LoRa 技术

LoRa（Long Range）技术，是一种专为物联网设计的低功耗广域网（LPWAN）通信技术。它允许长距离通信，最远可达数千米。LoRa 技术的低功耗特性使得设备能够在小型电池上运行多年，降低了维护成本并延长了设备寿命，适用于智能烟感、温感、可燃气体探测器等独立式设备。然而，LoRa 技术的数据传输速率较低，且可能受到同频段其他设备的干扰，限制了其在高速数据传输需求场合的应用。

2. NB-IoT 技术

NB-IoT（Narrow Band Internet of Things）技术的优势在于

极低的功耗和良好的建筑物穿透能力，使其成为室内和地下环境消防监控的理想选择。其低成本的部署和运行维护以及足够的带宽处理小到中等量级的数据传输需求，为广泛的消防应用提供了坚实的技术基础。然而，NB-IoT技术的带宽限制和较长的响应时间不适合对实时性要求极高的应用。

3. 4G、5G通信技术

4G、5G通信技术，凭借其快速的数据传输能力和广泛的网络覆盖，非常适合城市环境中需要实时视频监控或大量数据快速传输的消防应用。在当前的消防设施物联网的传输中，4G技术中的CAT1（LTE UE-Category 1，LTE终端能力等级1）技术被广泛采用。CAT1技术具有成本低、覆盖广、功耗低等优点，能够满足大多数消防应用的需求。

4. 有线连接技术

有线连接技术因其高度的稳定性和可靠性而被广泛应用于固定消防设施中。有线连接技术提供了快速且持续的数据传输能力，非常适合于对数据传输速度和稳定性有严格要求的环境。但是，其安装成本较高，且改动和移动设施时的灵活性较差，通常用于新建工程中。

选择合适的通信技术对于确保消防设施物联网系统的有效性和可靠性至关重要，技术的选择需基于具体的应用需求、环境因素及成本效益分析。通过合理的技术配置和标准化管理，可以极大提高消防设施物联网系统的性能和响应速度，进而提升整个社会的消防安全水平。

在消防设施物联网系统中，用户信息传输装置与报警主机之间大多采用 RS 485 或 RS 232 的有线串行连接方式，这种方式稳定性和可靠性好，确保了数据传输的连续性和安全性，因此被广泛应用。然而，在与消防设施物联网平台的通信方面，系统既包括有线网络也涵盖无线网络。虽然无线网络具有布线灵活和安装便捷的优点，但在信号较弱的区域，如地下水泵房，往往面临网络延迟和中断的风险。此外，消防水池液位传感器等设备如果位于偏远的建筑物或难以接触的区域，同样可能出现通信困难。

为了解决这些潜在的通信问题，个别消防设施物联网服务商在实践中采取了有线与无线并用的策略，确保关键通信在一种连接方式受阻时，另一种方式能够接管，从而维持系统的连续运作。这种双重通信系统不仅提高了消防设施物联网系统的可靠性，也增强了其抗干扰能力。

为了进一步优化消防设施物联网系统的通信结构，建议在设计阶段就考虑采用冗余通信网络，特别是在关键设备和节点的通信设计上。同时，应定期检查和测试所有通信线路和设备，以确保在紧急情况下所有系统都能够正常运作。通过这些措施，可以大幅度提高消防系统的响应效率和减少因通信问题导致的安全隐患。

3.2.3 应用层面

应用的需求促进技术的迭代升级。随着科技的进步以及智慧消防的快速发展，消防设施物联网系统应用逐渐丰富，按使用对象分，消防设施物联网系统应用对象及功能描述见表 3-1。

消防设施物联网系统应用对象及功能描述　　　　表 3-1

应用对象	功能描述
社会单位	设有供每日 24h 人工客服和数据应用平台管理的值班室，并对监测的异常信息及时报警和通知。 　对未按照规范要求进行维护保养工作的社会单位进行提醒，并将相关信息通知到单位的消防安全管理人和相关行业主管部门。 　支持火警、故障的通知和在线处理流程，并应对流程的全过程进行跟踪。 　支持联动信息的分析和展示。 　对物联监测和物联巡查的信息进行实时通知，并支持自定义物联监测级别和通知方式。 　可在线查看维护保养单位对消防设施的维护保养报告。 　可在线监督维护保养单位对消防设施在规定的时间内进行日常维护保养。 　可在线查看月度和年度的建筑消防设施安全风险的评估报告。 　支持消防电子档案查询。 　提供消防法律法规查询功能。 　支持通过数据分析处理结果给出消防安全评分应能对重大火灾隐患进行及时的提示
维护保养单位	设有供每日 24h 人工客服和数据应用平台管理的值班室，并对监测的异常信息及时报警和通知。 　对未按照规范要求进行维护保养工作的社会单位进行提醒，并将相关信息通知到单位的消防安全管理人和相关行业主管部门。 　支持在线故障处理流程，并应在线处理、指派、分工指定人员处理故障和记录维修结果。 　有维护保养流程。支持在线进行消防设施日常维护保养，并应记录相应消防设施报警、联动信息，生成维护保养报告。 　可在线查看社会单位对于维护保养工作的评价。 　可在线查看月度和年度的建筑消防设施安全风险的评估报告

　　从系统功能类型上来看，消防设施物联网应用大致可以分为 5 类，见表 3-2。

消防设施物联网应用主要类型 表 3-2

类型	具体描述
消防设施感知应用	利用感知设备采集火灾自动报警系统、自动喷水灭火系统等各类消防设施的状态数据，经过实时传输和分析，使得相关信息可在网页端和手机端进行实时展示和监控，提供对消防设施运行状态的全面洞察，是消防设施物联网的基础功能
消防工作监管应用	通过集成先进的技术，实现防火巡查、防火检查、设施报修等消防任务的线上执行与监控，使得消防工作过程得以数字化和自动化。系统对所有相关的工作数据进行记录并存储，便于管理部门实时监控消防工作的履职情况，及时发现和解决问题，从而大幅提高消防安全管理的效率和质量
设施维护保养应用	通过物联网技术，革新传统的维护保养纸质记录方式，实现消防设施维护保养过程的数字化和自动化记录。该应用通过实时获取消防设施的联动反馈信号来核实维护操作的真实性，有效避免"过场式、勾表式"维护的表面现象，确保了消防设施的真实有效维护保养，从而显著提高了设施的完好率和运行可靠性
事件通知预警应用	结合物联网技术，实时获取并分析单位内的各类数据，如温度变化、烟雾浓度等关键安全指标。通过综合这些数据，系统在检测到潜在风险时，即刻通过应用程序推送、短信或其他方式向相关人员发送预警通知，确保了预警的及时性
消防安全评估应用	整合人工智能、大数据与物联网技术，利用先进的 AI 框架如 PyTorch 和 TensorFlow，采用卷积神经网络等深度学习算法，实现对消防数据的实时趋势分析和隐患预测。这种方法使系统能够自动识别并深入分析单位内潜在的消防安全风险，及时提出预警和预防措施，不仅能够提高火灾预防的效率和精确度，还能为管理部门提供科学的决策支持和实质性的改进建议，从而显著提升整体的消防安全水平

从产品上来看，当前市场上的大多数消防设施物联网系统主要集中在监测消防系统的运行状态及发出预警通知，只有少数服务商提供维护保养管理和安全评估等更为智能化的应用。虽然这些系统在数据采集和展示方面表现出色，但对于数据的深度分析和利用还相对不足，这限制了它们在实现全面的"智慧消防"方面的潜力。

为了真正达到智慧消防的目标，需要进一步开发利用先进的数据分析技术，如人工智能和机器学习，来深入挖掘和分析收集的数据，从而提供更精准的风险评估、预测和系统优化建议，确保消防安全管理的高效和前瞻性。这种转变将推动消防设施物联网系统从简单的监控预警向智能决策和管理进化，为提升消防系统的整体性能和响应能力奠定坚实基础。

4

消防设施物联网服务
行业

4.1　全国消防设施物联网服务市场现状

　　根据"天眼查"官方网站的查询结果显示，截至 2024 年 4 月 13 日，全国共有 4338 家消防设施物联网相关企业进行了注册，存续及在业的消防设施物联网相关企业数量为 3463 家。这表明该行业经历了一定程度的市场淘汰过程，这种现象反映了消防设施物联网市场的竞争激烈和行业进入门槛的变化，只有那些能够适应市场需求、技术进步和监管要求的企业才能持续经营。

　　此外，市场淘汰的过程也促使行业不断优化，推动了消防设施物联网技术和服务的进一步发展。这种动态市场环境要求企业不断创新和调整策略，以维持竞争力并提升行业整体的服务质量和技术水平。

　　4.1.1　消防设施物联网相关企业成立的数量

　　2019—2023 年，全国消防设施物联网相关企业成立数量如图 4-1 所示（数据源于"天眼查"）。

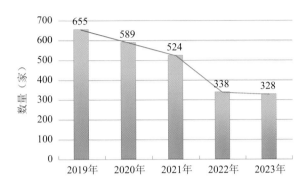

图 4-1　2019—2023 年全国消防设施物联网相关企业成立数量

消防设施物联网相关企业成立数量从 2019 年的 655 家逐年下降到 2023 年的 328 家，这种递减趋势表明市场进入了一种饱和或调整期。最初的高增长可能是由于市场对新技术的需求推动，特别是随着"智慧消防"概念的推广和政策的引导，这一领域吸引了大量的创业投资和企业关注。随着时间的推移，市场会经历一段自然选择过程，其中竞争力较弱的企业可能会被淘汰，剩下的企业则更加强大和成熟。因此，新成立企业的数量下降可能反映了行业成熟度的提高以及市场竞争的加剧。

4.1.2　消防设施物联网相关企业的成立年限

截至 2024 年 4 月 13 日，我国不同成立年限消防设施物联网相关企业的数量及占比如图 4-2 所示（数据源于"天眼查"）。

根据图 4-2 数据显示，成立年限在 15 年以上的企业占比 4%，主要由具有传统消防、安防设备和工程背景的企业转型而来。这些企业凭借在行业的深厚积累，已在市场上建立了坚实的客户基础，并在行业中具有显著的市场影响力。

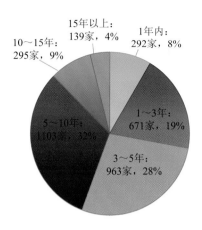

图 4-2 我国不同成立年限消防设施物联网相关企业的数量及占比

成立年限为 10 ～ 15 年的企业约占总数的 9%，这一时期正是消防设施物联网技术的起步阶段。面对技术的持续迭代和市场的自然淘汰，这些企业累积了宝贵的技术经验和研发实力，为行业的进一步发展奠定了基础。

成立年限为 5 ～ 10 年的企业数量最多，达到 1103 家，约占总数的 32%。相关政策的推动，使得行业经历了一个快速发展期。

成立年限为 3 ～ 5 年的企业占比约为 28%，这个时期，消防设施物联网技术相对发展成熟，为初设企业提供了清晰的发展方向和市场定位，有利于企业的快速成长和市场扩张。

1 ～ 3 年内新成立的企业数量也占据了相对较大的比例，达到 671 家，约占总数的 19%。表明在过去几年内，尽管面临技术更迭和市场竞争，消防设施物联网行业依然保持了健康的增长态势。

相比之下，成立 1 年内的企业数量为 292 家，约占总数的

8%，虽然比例较低，但也反映出该行业在持续吸引新的力量和投资，且在智慧城市和安全领域中仍具有一定的市场潜力。

4.1.3　消防设施物联网相关企业的地区分布

截止到 2024 年 4 月 13 日，我国不同省份消防设施物联网相关企业的数量分布如图 4-3 所示（数据源于"天眼查"）。

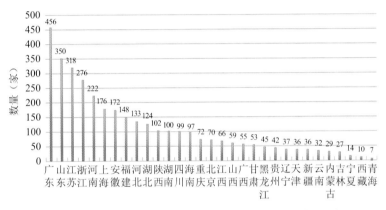

图 4-3　我国不同省份消防设施物联网相关企业的数量分布

消防设施物联网企业在地域分布上呈现出显著的两极化现象，经济发达的省份及直辖市成为企业集聚的热点区域，其中广东的企业数量甚至超过 450 家。这一现象反映了消防设施物联网技术和服务在经济发展水平较高的区域拥有更广泛的市场接受度，同时这些地区可能提供了更成熟的技术基础设施、更充裕的资金资源以及更具吸引力的政策环境。

与此形成鲜明对比的是，一些地理位置较偏远的区域，消防设施物联网相关企业的数量相对较少，通常只有个位数或一二十家。这些地区可能受限于消防技术基础的不发达、市场规模的局限性、政策支持力度不足以及投资资源的稀缺。这不仅制约了当地消防设施物联网行业的发展，也可能影响到区域消防安全管理的整体效率和现代化程度。

4.1.4 消防设施物联网相关企业的参保人数

截至 2024 年 4 月 13 日，我国消防设施物联网相关企业的参保人数在各阶段的分布如图 4-4 所示（数据源于"天眼查"）。

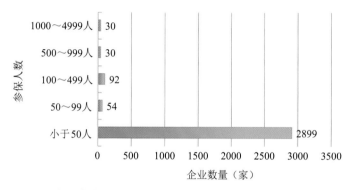

图 4-4 我国消防设施物联网相关企业的参保人数在各阶段的分布

根据"天眼查"的数据，人员规模较小的企业构成了消防设施物联网行业的主流。这些小型企业主要集中在消防设施物联网应用软件的开发和提供行业级解决方案上，凭借其卓越的研发能力和对市场需求的快速响应，在技术创新上占据领先地位。它们在推动行业技术前沿和增强市场动能方面发挥着至关重要的作用。

与此同时，行业中的大型企业多数由具备其他行业或领域经验的企业通过转型进入消防设施物联网行业。这些企业通常带来更为丰富的资源和广阔的业务视野，有助于行业的多元化发展和创新能力的提升。它们的加入不仅促进了跨行业技术和经验的融合，还有助于消防设施物联网技术在更宽广领域的应用和普及。

4.1.5 消防设施物联网相关企业的知识产权情况

截至 2024 年 4 月 13 日，我国拥有专利与软件著作权的消防设施物联网相关企业的数量及占比如图 4-5 所示（数据源于"天眼查"）。

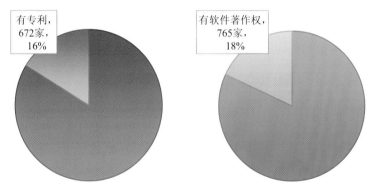

图 4-5　我国拥有专利与软件著作权的消防设施物联网相关企业的数量及占比

拥有专利与软件著作权的消防设施物联网相关企业数量占比均不足 20%，反映了消防设施物联网行业在创新保护和知识产权管理方面可能存在以下问题：

（1）研发投入不足。专利和软件著作权较少意味着行业内的研发投入总体不足。由于研发活动往往需要显著的前期资金投入和时间，有些企业尚未达到可申请专利或软件著作权的研发水平。

（2）创新生态尚未成熟。拥有知识产权的企业比例较低，反映出消防设施物联网行业的创新生态还未完全成熟。这与技术人才的缺乏、创新文化的不足以及行业协同合作的缺陷有关。

（3）知识产权意识薄弱。部分企业对知识产权的重要性认识不够，未能充分意识到保护知识产权对于提升企业竞争力的长期重要性。这种情况下，企业更专注于市场销售和扩大市场占有率，而忽视了长远的技术积累和保护。

（4）市场竞争的压力。激烈的市场竞争导致企业集中资源于短期收益，而非投入到长期的创新和知识产权申请中。这使得有些企业倾向于快速跟随市场，而不是进行原创性研发。

总体而言，虽然现阶段拥有知识产权的企业数量较少，但这同时也表明消防设施物联网行业在创新和知识产权方面有巨大的成长空间。鉴于此，政府和行业组织应加强对企业的支持和引导，提高企业对知识产权重要性的认识，优化法律保护机制，并推动建立一个健康的创新生态系统。通过这些措施，可以鼓励和激励更多的企业投入到创新研发中，并通过申请知识产权来保护和利用其成果，进而提升整个行业的竞争力和持续发展能力。

4.1.6 消防设施物联网服务商类型分析

消防设施物联网服务商大致可以分为消防科技公司、转型消防工程公司、消防及安防设备厂商3类，现以不同类型的消防设施物联网服务商的特点进行分析：

1. 消防科技公司

消防科技公司通常是以技术为驱动的创新型企业，大多数企业规模较小，但在研发实力上具有明显优势，这使得其在消防设施物联网的专业领域内能够快速推出新技术和解决方案，占据市场份额。这些公司往往能够灵活调整战略，快速响应市场变化。然而，相对较小的规模可能会限制它们在大规模推广和广泛市场渗透方面的能力。

2. 转型消防工程公司

这类公司在转型为消防设施物联网服务商时，携带了自身在传统行业中积累的资源优势。虽然它们在消防设施物联网领域的研发实力可能相对较弱，但这些公司通过利用已有的业务资源和渠道，可以迅速在市场上扩展影响力。它们的挑战在于如何迅速建立和提升在消防设施物联网领域的技术能力，以满足市场的专业需求。

3. 消防及安防设备厂商

作为安全管理行业的传统力量，消防及安防设备厂商通常专注于设备的研发与生产。其可能在技术创新方面不如消防科技公司活跃，产品应用功能也较为单一，却拥有稳固的销售渠道和市场份额。这些厂商面临的挑战是如何更深入地拓展消防设施物联网平台应用。

综合来看，消防科技公司需要利用其技术优势不断创新，同时寻求合作或资金来扩大经营规模和市场影响力。转型消防工程公司则需要加强技术研发和行业专业知识的积累，以便在新领域中取得竞争优势。而消防及安防设备厂商则应探索更广泛的产品应用和市场机会，同时也可以考虑与技术先进的公司合作，共同开发新的消防设施物联网解决方案。每一类企业都需要准确评估自身的长处和不足，制定相应的战略以实现在消防设施物联网市场的持续增长和成功。

4.2 上海消防设施物联网服务市场现状

4.2.1 消防设施物联网企业总体情况

根据上海消防数据对接平台发布的《2024 年一季度消防物联网服务商数据质量评价公示》，目前共有 74 家消防设施物联网服务商在上海地区开展服务，其中不仅包含上海本地消防设施物联网服务商，还包含注册地在外地的消防设施物联网服务商，上海本地及外地消防设施物联网服务商的数量及占比如图 4-6 所示。

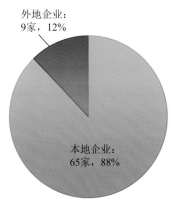

外地企业：
9家，12%

本地企业：
65家，88%

图 4-6　上海本地及外地消防设施物联网服务商的数量及占比

从服务商的类型来看，上海消防设施物联网服务商不仅包括消防科技公司、转型消防工程公司、消防及安防设备厂商，还包含少量集团性公司，如珠海万达商业管理集团股份有限公司、上海东浩兰生信息科技有限公司、上海电力高压实业有限公司等。这些集团性公司主要服务于集团自身内的企业。

由于下属子公司众多，通过自建消防设施物联网系统可以降低相关费用。同时，这些集团公司也借此拓展业务，增加营收。

4.2.2　消防设施物联网企业优秀代表

2023 年，上海市消防救援总队委托中国质量认证中心上海分中心对已接入上海消防数据对接平台的消防设施物联网服务商进行线下数据质量评价。评价内容包括对消防设施物联网的联网项目进行实地检查和测试，评判联网单位物联网系统"基本要求""真实性""完整性""准确性""可靠性"5 项指标。

（1）基本要求（30%）：包括服务商平台的系统网络安全保护能力资质、软件性能测试报告、获取的软件著作权情况等，并对设立每日 24h 人工客服机制和取得消防设施物联网相关质量认证的服务商，予以加分鼓励；

（2）真实性（20%）：包括服务商平台是否真实接入用户信息传输装置、火灾自动报警系统、消防给水及消火栓系统和自动喷水灭火系统；

（3）完整性（15%）：包括服务商平台的系统配置服务范围是否满足标准要求的 14 个必接项，对接信息记录是否进行备份；

（4）准确性（15%）：包括服务商平台点位是否全量注册，是否与联网对接单位实际情况相符；

（5）可靠性（20%）：包括服务商平台接入设备的在线情况、火警和故障的上报情况。

上海 2023 年消防设施物联网服务商数据质量评价表（线

下，排名前 10）如表 4-1 所示。

上海 2023 年消防设施物联网服务商数据质量
评价表（线下，排名前 10）　　　表 4-1

序号	服务商	星级	接入点位数	基本要求	真实性	完整性	准确性	可靠性
1	上海瑞眼科技有限公司	★★★★☆	1904735	5.00	5.00	4.17	4.83	5.00
2	上海××技术有限公司	★★★★☆	1033781	5.00	5.00	5.00	4.00	4.50
3	上海××科技有限公司	★★★★☆	432168	4.67	5.00	5.00	4.50	3.50
4	上海××科技有限公司	★★★★☆	264221	5.00	5.00	3.33	3.50	5.00
5	上海××科技有限公司	★★★★☆	1167458	5.00	5.00	3.33	4.67	3.75
6	上海××股份有限公司	★★★★☆	871100	5.00	4.17	3.89	2.33	4.67
7	上海××通信有限公司	★★★★☆	622128	5.00	5.00	2.50	4.00	3.75
8	××信息科技有限公司	★★★★☆	471994	4.67	5.00	3.33	3.83	5.00
9	上海××科技有限公司	★★★★☆	280540	4.67	5.00	3.33	2.50	3.75
10	上海××科技有限公司	★★★★☆	176007	4.17	4.25	3.33	4.00	4.50

注：表中数据来源于上海消防数据对接平台。

在评价公示中，排名前 10 的消防设施物联网服务商企业情况见表 4-2。

上海 2023 年消防设施物联网服务商数据质量
评价（线下）排名前 10 的企业情况　　　　表 4-2

服务商	注册资金（万元）	成立日期	国内专利数量（个）	商标数（个）	软著数（个）
上海瑞眼科技有限公司	3250	2011 年 7 月 29 日	55	19	67
上海 ×× 技术有限公司	1050	2016 年 7 月 14 日	3	3	57
上海 ×× 科技有限公司	2000	2016 年 9 月 28 日	0	0	17
上海 ×× 科技有限公司	1000	2005 年 8 月 30 日	0	0	24
上海 ×× 科技有限公司	3000	2015 年 6 月 19 日	6	15	34
上海 ×× 股份有限公司	2000	2020 年 10 月 10 日	1	5	26
上海 ×× 通信有限公司	1000	1996 年 12 月 27 日	42	0	0
×× 信息科技有限公司	1538.4615	2019 年 1 月 30 日	0	10	16
上海 ×× 科技有限公司	500	2012 年 3 月 26 日	0	0	1
上海 ×× 科技有限公司	1000	2017 年 3 月 27 日	0	6	16

注：表中数据来源于"天眼查"。

从表 4-2 中的数据可以看出，在上海 2023 年消防设施物联网服务商数据质量（线下）评价中，排名前 10 的服务商均为上海本地企业，虽然规模不大，但这些服务商大多具有较长的运营历史，这在服务市场中形成了独特的竞争优势。这些服务商在消防设施物联网服务上的成熟技术积累体现了其深厚的行业经验和专业能力，使得其在数据处理、系统集成以及客户服务等方面具有显著的优势。

这些成熟企业的服务和技术优势可能源自长期的技术研发和市场洞察，使得它们能够在消防设施物联网解决方案的设计与实施上提供高标准和定制化的服务。它们在技术创新、系统优化及行业合规方面的持续投入，为它们赢得了市场的信赖和客户的认可。

同时，这些企业凭借其在消防设施物联网领域的专业知识，对市场需求具有深刻理解，能够迅速响应行业变化和客户需求，提供符合最新安全标准的高效解决方案。尽管面临规模扩张和市场竞争的挑战，这些企业仍通过积极的市场策略和技术革新，持续巩固和提升其在消防设施物联网服务市场的领先地位。

综合而言，上海消防设施物联网行业发展的这一特征表明，行业内的专业知识和技术经验是构建市场竞争力的关键要素。这也提示其他企业，无论规模大小，专注于技术和服务质量的提升是确保可持续发展的核心策略。

4.3 技术与服务创新

近年来，消防设施物联网行业快速发展，各企业积极探索与研发，通过一系列技术与服务创新，大幅提升消防安全管理的智慧化水平，扩展了消防设施物联网服务的功能范畴，以下介绍几个关键的技术应用。

1. 安防、消防融合应用

近年来，一部分具有前瞻性的企业通过整合物联网、大数据、人工智能和图像识别等尖端技术，实现了安防与消防业务的深度融合，有效打破了信息孤岛，极大地增强了企业对其管辖区域内的人员、设施和活动的多维感知和全方位监控能力。

这种技术整合使企业能够构建一个多触点、无盲区的感知网络。安装在关键位置的物联网监测设备实时监控消防设施、电气安全、消防通道、门禁系统以及车辆出入等关键参数，形成了一个全方位的实时数据收集体系。借助高级 AI 分析算法，系统能够智能识别一系列潜在安全隐患，如消防设施故障、消防通道堵塞、消控室人员离岗以及非机动车进电梯等情况，从而显著提高对突发事件的监测预警能力。

安防和消防的融合为现代消防安全管理带来了革命性的进步，不仅解决了传统管理中存在的问题，还为企业提供了高效、科学的安全监管手段。这标志着消防设施物联网行业向更高水平的技术集成和业务智能化迈进。

2. 消防设施物联网＋保险应用

消防设施物联网系统已成为灾前预防和灾中控制的关键技

术工具，显著提升了火灾管理和响应能力。然而，即使最先进的系统也无法完全消除火灾造成的损失。因此，消防设施物联网产品与保险服务的结合尤为重要，这一结合为风险管理和损失补偿提供了一个全面的解决方案。

消防设施物联网服务商不仅提供高效的系统监测与报警服务，而且通过整合软硬件平台的功能保障以及配套的火灾意外保险，为客户构建了一个全方位的风险防控和转移机制。这种服务模式使得社会单位可以在灾害发生后迅速获得赔偿，有效降低经济损失和运营中断的风险。

具体而言，当火灾等紧急情况发生时，消防设施物联网系统能够及时监测并通报异常，相关的保险覆盖能够确保灾后快速的理赔。这不仅加强了企业的应急响应能力，也增强了其恢复灾后正常运营的能力，从而最大限度减轻了火灾等灾害事件对企业的长期影响。这一创新模式为现代消防安全管理设置了新的行业标准，增强了企业的整体韧性。

3. 区块链赋能消防履职监管

区块链技术通过在一个去中心化的网络中记录信息，确保数据透明、安全和不可篡改。该技术在消防行业的应用，允许将消防活动的关键数据如检查记录、维护日志和事故报告等，安全地存储在区块链上。这种数据记录的不可篡改性和易于追踪的特性，不仅提升了消防记录的可信度，也增强了监管的透明度，从而有效促进工作人员履职尽责，提高建筑物的整体安全管理水平。此外，区块链的应用还能够提高消防部门对安全政策执行的监控效率，确保所有安全措施都得到贯彻落实，进一步强化了预防和应对火灾能力。

4. 消防远程控制技术应用

随着城市化的加速和人口增长，教育机构、社区、商业综合体等公共场所不断扩建，通常采用分期建设策略以适应不断变化的市场需求。这种建设方式导致了消防规划的分散，以至于新增建筑需要独立的消防设施规划，从而在同一场所内形成多个消防控制室。

根据《中华人民共和国消防法》和《消防控制室通用技术要求》GB 25506—2010，每个消防控制室必须实行24h值班制度，每班不超过8h，且每班至少配备两名操作员，这导致社会单位需承担较高的人力与资金成本。此外，传统的消防控制室合并方式面临施工成本高、施工难度大等问题。

针对上述挑战，行业领先企业通过技术创新，成功开发了一种先进的解决方案，利用无线远程技术通过平台下发指令，实现对各消防控制室所有控制功能的远程操作，从而高效实现多消控室的合并。

这一技术不仅降低了人力资源需求，还符合《重庆市消防设施管理规定》第二十五条中的"接入城市消防远程监控系统，实现远程操作消防控制室所有控制功能的，可以单人值班"以及《广东省消防工作若干规定》第三十四条中的"能够通过城市消防远程监控系统实现远程操作消防控制室所有控制功能的，消防控制室应当保证至少有1名持有消防控制室操作职业资格证书的人员值班"的要求。

4.4　面临的机遇与挑战

　　根据国家消防救援局统计数据，2019—2023 年全国火灾情况如表 4-3 所示。

2019—2023 年全国火灾情况　　　　　　　表 4-3

年份	接报火灾数量（万起）	死亡（人）	受伤（人）	直接财产损失（亿元）
2019 年	23.3	1335	837	36.12
2020 年	25.2	1183	775	40.09
2021 年	74.8	1987	2225	67.50
2022 年	82.5	2053	2122	71.60
2023 年（1—10 月）	74.5	1381	2063	61.50

　　注：数据来源于国家消防救援局。

　　近 5 年的火灾数据显示，尽管消防部门已经采取多项预防措施，但整体消防安全形势依然严峻，凸显出消防安全管理体系亟需进一步强化。在这种背景下，消防设施物联网技术显得尤为重要，它不仅有助于控制火灾扩散，还能通过实时监控和智能分析，预防火灾的发生。

　　政府部门对此已有清晰认识，并纷纷出台政策，推进消防设施物联网的建设和应用。这些政策不仅旨在增强现有建筑的消防安全能力，也强调了新建筑在设计阶段就引入消防设施物联网系统，确保从源头上提升建筑的消防安全性。

消防设施物联网的应用覆盖了各行各业，涵盖了从商业综合体、工业建筑到住宅区和园区等多种建筑类型。这些系统通过安装在建筑物中的传感器和设备，能够实时监测烟雾、温度变化等关键指标，并通过云平台对收集的数据进行分析，实现快速响应和准确报警。

从市场需求的角度看，消防设施物联网行业的潜力巨大。随着人们安全意识的提升及技术的不断进步，市场对高效、智能化的消防解决方案的需求日益增长。此外，随着物联网技术的成熟和成本的降低，消防设施物联网系统的推广和应用将更加广泛，这不仅为消防设备制造商和服务提供商创造了巨大的商机，也促进了整个行业的技术进步和创新。

机遇与挑战并存。随着科技的快速进步和市场竞争的加剧，消防设施物联网服务商面临着必须不断进行技术升级和创新的挑战。这一要求不仅涉及引入最新的技术和方法，还包括对现有系统的持续改进和优化，以保持竞争力并满足日益增长的市场需求。

与此同时，服务商还需要重视技术的安全性和可靠性。随着消防设施物联网系统越来越依赖网络连接，系统的安全性成为一个不可忽视的问题。服务商必须确保其产品和服务能够抵御网络攻击，保护用户数据不被泄露，确保系统的稳定运行。

面对激烈的市场竞争，消防设施物联网服务商需通过不断的技术升级和创新，以及保证服务的高质量和高安全性，来维持和扩大市场份额，最终推动行业的健康发展和技术进步。

4.5　本章小结

本章从企业数量、成立年限、地区分布、参保人数、知识产权情况等方面详细分析全国消防设施物联网企业的总体情况，展示了行业的发展规模、地域差异及其技术创新能力。通过这些维度，揭示了行业的整体发展态势和技术进步情况。

本章深入分析了上海消防设施物联网企业的总体情况，并重点分析了 2023 年中国质量认证中心上海分中心开展的消防设施物联网服务商数据质量（线下）评价中排名前 10 的服务商。结果表明，企业规模大小与服务水平没有明显的关系，专注于技术和服务质量的提升是确保消防设施物联网可持续发展的核心策略。

此外，本章还介绍了一系列技术与服务的创新应用，并分析了行业面临的机遇与挑战，展示了行业在不断优化和提升服务质量方面的努力和成效。

综上所述，本章通过对全国和上海消防设施物联网市场的深入分析，结合技术创新和政策支持，全面展示了消防设施物联网服务行业的现状及其未来发展方向。这些分析不仅揭示了行业的动态，还提供了丰富的行业洞察，有助于相关人员更好地理解该行业的潜力和挑战。

5

消防设施物联网系统建设

5.1 消防设施物联网系统建设环境分析

随着消防设施物联网技术的快速发展，其在消防领域的应用也日趋广泛。下面，通过 SWOT 分析法对我国消防设施物联网环境的优势（Strengths)、劣势（Weaknesses）、机遇（Opportunities）、威胁（Threats）4 个方面进行分析，为相关决策者提供参考依据（表 5-1）。

我国消防设施物联网系统建设的环境分析 表 5-1

SWOT 分析	消防设施物联网系统建设
优势	（1）技术创新与服务优化：由于内在的市场竞争机制，服务商被激励，不断进行技术创新和服务优化，提高服务质量，满足日益增长的市场需求。 （2）政府监管与标准制定：政府通过出台各种标准和监管措施，保障了消防设施物联网系统的规范化建设和有效运营，如上海市通过一系列政策文件和技术标准推动消防设施物联网系统的标准化。 （3）高效的应急响应能力：通过消防设施物联网系统的实时数据监控和智能分析，可以显著提升火灾的预警和应急响应能力，减少火灾带来的损失

续表

SWOT 分析	消防设施物联网系统建设
劣势	（1）技术成本较高：消防设施物联网系统的建设和维护需要一定的资金投入，对于一些资金紧张的地区或单位来说，可能难以承受。 （2）依赖网络环境：消防设施物联网系统的正常运行需要稳定的网络环境，网络不稳定可能导致监测数据上传延迟或丢失。 （3）数据安全问题：大量的消防设施数据涉及隐私和安全问题，如何保证数据安全是一个需要解决的问题
机遇	（1）智慧城市建设的推动：随着全球智慧城市建设的加速，消防设施物联网作为关键组成部分，拥有巨大的市场需求和发展机会。 （2）国际市场扩展：中国模式的成熟与优化，预计将输出到国际市场，为全球消防安全提供新的解决方案和技术支持。 （3）新技术的融合：如数字孪生、AI、大数据等新技术的融合，将进一步提升消防设施物联网系统的效率和精准性
威胁	（1）技术快速迭代的挑战：快速变化的技术环境要求消防设施物联网系统不断更新和适应，这可能带来持续的技术和财务压力。 （2）政策与法规的变动：政策和法规的不确定性可能影响消防设施物联网项目的稳定推进和长期投资。 （3）用户认知与接受度：用户对消防设施物联网系统的认知不足和接受度低，可能阻碍技术的普及和应用

从以上分析可以看出，我国消防设施物联网建设环境面临的优势大于劣势，机遇大于威胁。因此，我国应正确对待优势（Strengths）、劣势（Weaknesses）、机遇（Opportunities）、威胁（Threats），争取化劣势为优势，化挑战为机遇，使我国消防设施物联网行业得到健康发展。

5.2 消防设施物联网系统建设模式分析

从近几年消防设施物联网的建设模式来看，大致可以分为市场驱动模式和政府主导模式两类。这两种模式各自具有不同的优势和局限性，对消防设施物联网技术的发展及应用产生了深远影响。

5.2.1 市场驱动模式：以上海为典型案例

在市场驱动模式中，政府主要扮演规范制定者和监督管理者的角色，并推动相关立法，以确保消防设施物联网系统的标准化建设和有效运营。

以上海作为典型案例，上海出台了《消防设施物联网系统技术标准》DG/TJ 08—2251—2018、《消防设施物联网系统运行平台数据传输导则》DB 31/T 1465—2024 等标准，明确了消防设施物联网系统的技术要求和数据传输规范；重新修订了《上海市消防条例》，明确要建设消防设施物联网；联合中国质量认证中心搭建了上海消防数据对接平台并相继发布了《关于本市消防设施物联网系统联网工作的通知》《上海市建筑消防设施管理规定》《关于提高本市建筑消防设施物联网系统联网质量的通知》《关于进一步加强本市消防基础设施建设的实施意见》等文件，要求符合条件的单位按照标准要求设置消防设施物联网系统，同时将监控信息实时传输至市消防大数据应用平台。

通过制定标准、搭建平台、立法推动，上海为消防设施物联网的规范化建设和持续有效的运营提供了坚实的基础。在这种模式下，社会单位可以自由选择消防设施物联网服务商，不仅促进了市场竞争，保障了服务的多样性，也推动了服务质量的提升和技术创新，从而有效提高了整个消防安全管理的技术水平和执行效率。

5.2.2　政府主导模式：政府统一管理

在政府主导模式下，政府出资委托一家或几家服务商负责所有单位的消防设施物联网系统建设与运维。此模式的优势在于确保系统的统一性和标准化，有助于提升整体管理和部署效率。然而，政府的财政预算主要用于公共服务和基础设施建设，其使用通常需要符合公共利益和法律规定。

在市场经济体制下，财政资金的使用受到严格监管，必须优先满足民生需求，惠及广大民众。在消防设施物联网建设方面，财政资金可以用于涉及广泛公共利益的项目，如医院、学校、养老院等民生项目的消防设施物联网建设。这是因为这些设施直接关系到公众的生命安全和福祉，符合政府资金使用的公共利益原则。

如果财政资金被用于非民生项目的消防设施物联网建设，则可能导致资源分配的公平性和合理性问题，引发公众质疑。此外，非民生项目通常由市场驱动，应通过市场机制和企业自身投资来实现消防设施的建设和维护，而不应依赖政府财政资金支持。

政府主导模式还存在诸多弊端，如缺乏市场竞争会导致服务质量和技术创新的滞缓；政府承担费用可能使社会单位对消防设施物联网系统不够重视，妨碍系统的实际效用等。

5.2.3　建设方向与政府角色的优化

在消防设施物联网的建设中，市场驱动模式和政府主导模式各有优点和不足，不同的模式适用于不同的应用领域。两种消防设施物联网建设模式的优缺点分析见表 5-2。

两种消防设施物联网建设模式的优缺点分析　　　　表 5-2

建设模式	优点	缺点
市场驱动模式	（1）竞争激发创新：政府制定规范和监督管理，通过社会单位自由选择服务商，激发市场竞争，推动服务质量提升和技术创新。 （2）灵活性高：社会单位可以根据自身需求与预算灵活选择服务商与配置，确保建设方案的针对性与实效性。 （3）标准化：通过出台技术标准和立法保障，确保系统的规范性与数据传输的一致性，提高整体的技术水平与执行效率	（1）监管难度：因涉及多家服务商，监管难度加大，需强化审查与监督机制。 （2）资源配置差异：社会单位的财力与技术水平不同，可能导致各单位的系统质量参差不齐
政府主导模式	（1）统一性与标准化：系统的设计、建设和维护均由政府直接委托的服务商负责，确保系统的统一性与标准化，实现整体部署的效率。 （2）资源整合：政府在系统建设过程中可充分利用现有公共资源与基础设施，进行统筹规划	（1）缺乏竞争：由于缺乏市场竞争，容易导致服务质量下降、技术创新缓慢。 （2）成本负担：政府财政预算主要用于公共服务和基础设施建设，不能用于非民生项目的消防设施物联网建设。 （3）执行效率：政府过度介入可能降低服务效率，使得系统在设计与实施上缺乏灵活性

综合对比来看，政府主导模式适用于民生项目，以确保对这些关键领域的消防管理与控制。然而，整个社会面上的消防设施物联网建设则更适合采用市场驱动模式，以其灵活性、高效的技术创新能力和多样化的服务满足各类社会单位的消防安全需求。政府可以通过制定标准、推动立法和加强监管，确保市场驱动模式下的系统建设质量与服务效能，实现消防设施物联网的可持续发展与高效应用。

5.3　全国消防设施物联网系统建设

招标投标数据不仅能够揭示市场需求的变化趋势，还能反映行业的发展走向。从多个角度对招标投标项目进行分析，可以洞察消防设施物联网项目在不同领域、不同区域的需求和发展情况，为行业内的从业者和决策者提供重要的市场分析与参考依据。

"千里马招标网"数据显示，2019 年 1 月 1 日到 2023 年 12 月 31 日，全国范围内共有消防设施物联网中标项目 2878 个。以下从不同角度对消防设施物联网项目的情况进行分析，以全面展现消防设施物联网行业的发展趋势和特点。

5.3.1　项目数量及金额分析

2019—2023 年我国消防设施物联网招标投标项目的中标数量及金额见图 5-1。

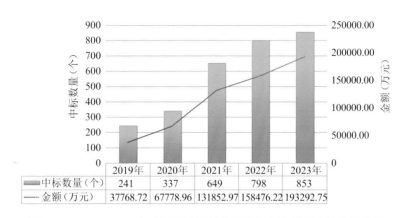

图 5-1　2019—2023 年我国消防设施物联网招标投标项目的中标数量及金额

注：图中数据来源于"千里马招标网"。

根据图 5-1 数据显示，全国消防设施物联网招标投标项目的中标数量及金额均显示出持续增长的趋势，这揭示了消防设施物联网仍蕴含巨大的市场潜力。这种增长趋势不仅反映了社会对消防安全重视程度的提升，也指示了技术和服务需求在不断扩大。

5.3.2　各地项目数量分析

2019—2023 年我国不同省份消防设施物联网招标投标项目的中标总数量见图 5-2。

2019—2023 年，消防设施物联网项目的发展在我国不同省份中表现出明显的地区差异，其中山东、江苏、广东、浙江、上海和江西的项目数量突出，中标项目总数量均超过 200 个。这一数据不仅反映了这些省份在消防设施物联网技术采纳方面的积极性，也揭示了它们在公共安全和技术基础设施投资方面的重视程度。

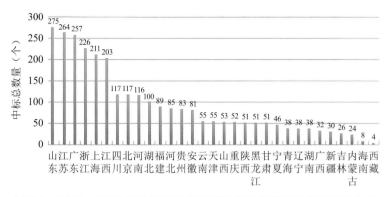

图 5-2　2019—2023 年我国不同省份消防设施物联网招标投标项目的
中标总数量

注：图中数据来源于"千里马招标网"。

首先，这些省份作为我国的经济中心，拥有大量的工业基地和密集的城市化区域，消防安全的需求自然较高。随着城市化进程的加快，复杂的城市环境对消防安全管理提出了更高的要求，这推动了消防设施物联网技术的广泛应用。通过这些技术，能够实现对重要区域如商业中心、住宅区及工业区的实时监控，大幅提升了火灾预防和应对的效率。

其次，这些省份的政策支持和资金投入也是推动消防设施物联网项目发展的关键因素。地方政府对于构建智能城市的战略规划中通常包含了智能消防系统的部署，这不仅提高了公共安全水平，也促进了相关技术和服务市场的发展。

消防设施物联网项目数量多也促使当地高校和研究机构加强相关技术研究，培养专业人才，形成了产学研用一体化的良好生态系统。这些因素共同作用，使得山东、江苏、广东、浙江、上海和江西成为消防设施物联网技术应用的前沿。

这种地区间的积极竞争和示范效应，预计将进一步激励其他省份加大在消防设施物联网领域的投入和创新，推动全国消防设施物联网技术和服务的整体水平提升。这一转变不仅对提升消防管理效率和响应速度具有重要意义，也为相关行业创造了丰富的经济效益和社会价值。

5.3.3　各地项目预算分析

2019—2023 年我国不同省份消防设施物联网招标投标项目的中标总金额见图 5-3。

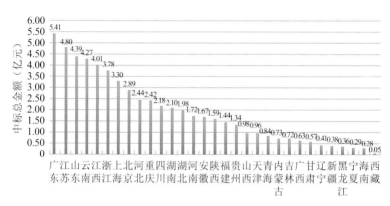

图 5-3　2019—2023 年我国不同省份消防设施物联网招标投标项目的中标总金额

注：图中数据来源于"千里马招标网"。

近 5 年来，广东在消防设施物联网项目的招标投标预算方面位居全国首位，总预算超过 5 亿元。这一显著的投资规模反映出广东在提升消防安全质量及应用现代化技术方面的重视程度。紧随其后的是江苏、山东、云南和江西，这些省份的消防设施物联网项目预算也均超过 4 亿元，浙江和上海的预算均超过 3 亿元。

广东作为我国的经济大省，其高预算投入不仅因其经济总量庞大，还因为该省拥有大量的工业区和高密度的城市群，这些因素均增加了对先进消防设施物联网系统的需求。广东的投资重点可能集中在提高火灾监测和应急响应能力上，通过整合物联网技术，增强实时数据监控和分析，从而有效预防和控制火灾事故。

江苏和山东作为经济发展同样活跃的省份，均表现出对消防设施物联网项目的高度重视，其预算投入体现了这些省份在提高公共安全标准、构建智慧城市框架中的努力。云南和江西的高投入则可能与这些地区近年来加强基础设施建设以及提升公共服务水平有关。

浙江和上海的投入虽然比上述省份低，但考虑到这两个地区较小的陆域面积和高度的城市化，其投资效率和技术应用的深度可能更为显著。这些省份的消防设施物联网项目可能更注重技术的集成和创新以及系统的精细化管理。

这一趋势表明，随着城市化加速和工业化深入，全国各地都在加大对消防安全的投入，特别是在物联网技术的融合上，旨在通过技术手段提升消防安全管理的效率和效果，实现对火灾等灾害的有效预防和快速响应。这种投资不仅提升了地区的安全水平，也推动了消防技术的创新和发展，为未来的消防管理提供了新的思路和解决方案。

5.3.4　采购主体分析

2019—2023 年我国消防设施物联网招标投标项目的采购

主体类型及数量占比见图5-4。

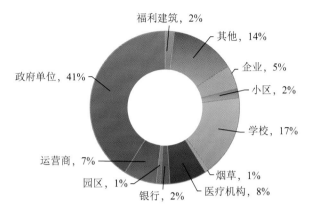

图5-4 2019—2023年我国消防设施物联网招标投标项目的采购主体类型及数量占比

注：图中数据来源于"千里马招标网"。

根据图 5-4 数据显示，我国近 5 年的消防设施物联网招标投标项目的采购主体中，政府单位（主要包括消防救援队、应急管理局、街道办事处、城运中心等）最多，占41%，说明全国消防设施物联网建设仍是以政府为主导，以消防救援队为主要推进单位。其次是学校，占 17%，然后是医疗机构（8%）、运营商（7%）、企业（5%）。

5.4 上海消防设施物联网系统建设

5.4.1 上海消防设施物联网项目招标投标数据

2019—2023年上海消防设施物联网招标投标项目的中标数量及金额见图5-5。

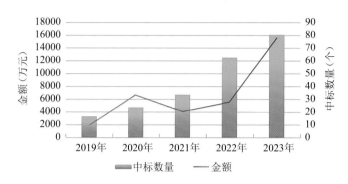

图 5-5　2019—2023 年上海消防设施物联网招标投标项目的中标数量及金额

注：图中数据来源于"千里马招标网"。

近 5 年来，上海消防设施物联网的中标数量及金额呈现出明显的增长趋势。这一现象不仅体现了上海在提高城市安全管理水平方面的持续努力，也反映出智慧城市建设对高科技消防设施物联网系统的日益增长的需求。

上海作为我国经济和技术发展的前沿城市，对于先进技术的应用始终保持着领先态势，特别是在提升城市公共安全质量方面。随着城市人口的增加和商业活动的密集，传统的消防系统已经难以满足复杂多变的消防安全需求。上海市政府对消防设施物联网的建设给予了极高的重视，陆续发布一系列文件具体要求符合条件的单位必须安装消防设施物联网系统。这些措施不仅促进了消防设施物联网项目数量的上升，同时也强化了城市的消防安全管理和应急响应能力。

5.4.2　上海消防对接平台接入数据

根据《上海市消防条例》《上海市建筑消防设施管理规

定》《关于本市消防设施物联网系统联网工作的通知》等法规规章及文件要求，上海大力推进建筑消防设施物联网系统建设。2021 年，上海完成"5 万平方米以上大型商业综合体""超高层公共建筑"联网工作。2022 年，上海重点推进"3 万平方米以上商业综合体""一类高层公共建筑"两类建筑联网工作。

据悉，截至 2023 年 12 月 31 日，上海消防数据对接平台已经接入了包括 326 家商业综合体、2824 家一类高层公共建筑和 408 家其他类型单位在内的共 3558 家单位。平台接入的消防设施物联网点位数量超过 1067 万个，标志着上海市在构建智慧消防系统方面取得了显著进展。这些举措不仅提高了消防安全管理的效率和响应速度，而且强化了城市安全防护的整体能力。上海消防数据对接平台接入建筑类型及分布如图 5-6 所示。

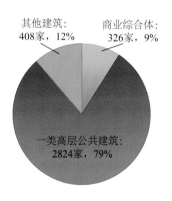

图 5-6　上海消防数据对接平台接入建筑类型及分布

5.4.3　设置消防设施物联网的建筑类型分布

根据上海瑞眼科技有限公司消防设施物联网系统联网情况统计，截至 2023 年 4 月 13 日，上海设置消防设施物联网系统的建筑类型分布如图 5-7 所示。

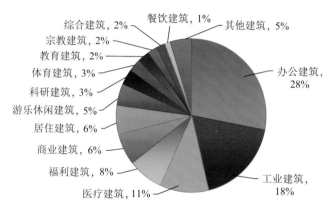

图 5-7　上海设置消防设施物联网系统的建筑类型分布

注：数据来源于上海瑞眼科技有限公司消防设施物联网系统。

不同类型建筑对于消防设施物联网系统的采纳程度反映了各类建筑对消防安全重视程度的不同以及建筑用途对消防需求的特异性。

办公建筑（28%）：这类场所由于人员密集，消防安全管理需求高，因此对消防设施物联网系统的需求量大，占比最高。这也可能与办公建筑通常为高层建筑有关，其消防安全标准较为严格。

工业建筑（18%）：工业建筑中的生产活动可能涉及易燃易爆物品，消防风险较高，这类建筑的消防设施物联网系统配置比例也较高，用以确保快速响应火灾等紧急情况。

医疗建筑（11%）：医疗建筑关系到生命安全，对消防设施的依赖性强，对系统的响应速度和准确性要求极高，在消防设施物联网的应用上也较为常见。

福利建筑（8%）：如养老院、福利院等，居住者多为行动不便的老人或儿童，消防安全尤为重要，系统的引入能显著提升安全管理水平。

商业和居住建筑（各6%）：商业建筑和居住建筑由于人流量大，火灾一旦发生可能导致重大人员伤亡和财产损失，因此安装消防设施物联网系统具有重要意义。

游乐休闲、科研、体育、教育、宗教等建筑（5%及以下）：这些建筑类型虽然占比不高，但特定功能的建筑（如科研建筑）中可能存储有高危化学品，或者体育建筑中聚集大量公众，都需要通过消防设施物联网系统提升其安全管理能力。

餐饮和综合建筑（1%和2%）：这些类型的建筑使用消防设施物联网相对较少，可能与建筑规模、资金投入以及业主安全意识有关。

其他建筑（5%）：包括一些特殊用途的建筑，如仓库、停车场等，这些场所也需要通过消防设施物联网系统来实现更有效的安全监控。

综上所述，消防设施物联网系统在各类建筑中的应用情况显示了消防安全与建筑类型和使用功能的密切相关性。未来，随着技术的发展和安全意识的提高，预计消防设施物联网系统的覆盖面将进一步扩大，特别是在那些目前尚未广泛应用的建筑类型中。政府和相关部门可以通过推动立法和制定更为严格的安全标准，进一步提升这一系统的普及率和应用效能。

5.5 火灾发生率对比

根据上海市消防救援总队和上海瑞眼科技有限公司的统计数据，2020—2023年，上海总的火灾发生率和设置消防设施物联网系统的项目的火灾发生率如图5-8所示。

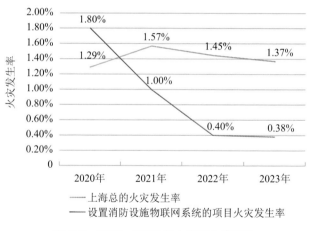

图5-8 2020—2023年火灾发生率对比

通过分析2020年至2023年的数据，可以看到上海总的火灾发生率呈现波动趋势，从2020年的1.29%上升到2021年的1.57%，之后又逐步降低到2023年的1.37%。对比之下，设置消防设施物联网系统的项目的火灾发生率从2020年的1.80%显著下降至2023年的0.38%。尤其值得注意的是，评估分值超过 60 分的建筑在发生火灾时，消防设施均能正常工作，火灾规模及所造成的损失较小。

初期，消防设施物联网系统主要部署在火灾风险较高的单位，这导致在早期统计中这些项目的火灾发生率相对较高。然而，随着技术的完善和系统覆盖范围的扩大，这些项目的火灾发生率不断下降，表现出显著优于整个城市的水平。这一变化强调了消防设施物联网技术在预防和快速响应火灾方面的重要作用，彰显了从被动响应转向主动预防的转变。

消防设施物联网技术的有效引入和应用，实现了火灾防控"三不"目标中的"不扩大、不亡人"，特别是在高风险区域的广泛部署，预计将进一步降低整体火灾发生率，为城市安全管理提供更坚实的技术支撑。

5.6 建设案例

随着城市的高速发展，国家先后发文，大力推进运用物联网、云计算、大数据等新信息技术的"智慧消防"建设。为了提高下辖 33 家卫生服务中心及医院的火灾防控能力，上海市某区卫生健康委员会于 2018 年开始组织建设消防设施物联网，深度应用大数据、物联网、云计算等新兴技术，积极推进消防安全管理创新，探索建设"智慧消防"。

根据最新的消防安全评估结果，该区卫生健康委员会下辖的 33 家卫生服务中心及医院整体消防安全状况显示出良好的结果，如图 5-9 所示。2023 年，这些机构的平均消防安全评估分值为 74 分，其中高达 92% 的机构的消防安全评估分值超过 60 分，显示了较高的消防安全标准符合度。此外，从 2019 年到 2023 年，这些机构的平均消防安全评估分值有显著提升，上升了 13 分，且消防安全评估分值超过 60 分的机构所占比例增加了 19%，这一趋势不仅显示了消防安全管理的持续改进，还凸显了消防设施物联网技术在提高消防安全管理效率与效果方面的关键作用。

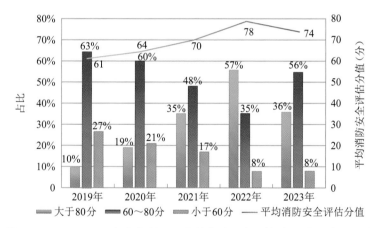

图 5-9　2019—2023 年上海某区卫生健康委员会下辖的 33 家卫生服务中心及医院的消防安全评估分值分布及平均消防安全评估分值

注：数据来源于上海瑞眼科技有限公司消防设施物联网系统。

在消防设施物联网系统的辅助下，上海某区卫生健康委员会下辖的 33 家卫生服务中心及医院的火灾防控能力及消防管理水平得到了较大提升，主要体现在以下几个方面：

1. 监测预警方面

通过在机构内部署物联网传感终端，实现了对火灾自动报警系统、自动喷水灭火系统、室内消火栓系统的远程监测，有效提升消防设施的完好率。平台应用至今，共发现 33 家卫生服务中心及医院内报警 10144 次、故障 55382 次、隐患 7331 次，为用户提供 App 推送通知 23228 次、短信通知 8897 次、语音电话通知 2652 次，实现对各类火灾隐患进行全面感知，提高了远程监控及精准防控能力。

2. 人员履职方面

平台将技术创新与业务需求相融合，为卫生服务中心及医院配置了消防巡检、维护保养、消防档案、履职评估等各类安全管理应用。平台使用人数达 111 人，使用平台进行消防设施维护保养工作已有 928 次，平台记录维护保养全过程，自动生成维护保养报告并根据维护保养报告以及维护保养过程中设备的联动信号判断维护保养人员的履职情况，确保了维护保养过程的真实性和可追溯性，进一步压实了消防安全责任。

3. 应急处置方面

平台根据报警消息事件的类型、等级以及具体执行对象以多种推送方式将警情及时通知相应人员，告知事件详情和处理措施，并跟踪事件处理过程，形成督促监管、结果反馈的闭环式管理模式。对于概率较大的疑似火警事件，$7 \times 24h$ 人工客服会立即拨打消防控制室电话进行火警确认，可帮助通知消防出车，确保警情高效处置。截至目前，平台已为上海某区卫生健康委员会下辖的 33 家卫生服务中心及医院提供人工客服预警通知 5065 次，有效简化了事件处理流程，提升了事件通知的精准度、速度和广度。

5.7 本章小结

本章深入探讨了消防设施物联网系统的建设环境和建设模式，详细阐述了市场驱动模式和政府主导模式的应用及其优缺点，指明市场驱动模式更适合社会面的消防设施物联网建设，强调了政府应在制定标准、推动立法、监督执行等方面发挥重要作用。

本章对全国及上海消防设施物联网招标投标数据、上海消防对接平台接入数据、上海设置消防设施物联网系统的建筑类型进行了详细分析，反映了各地政府和企业在消防安全上的重视程度，展示了不同地区在建设进度上的差异以及详细介绍了上海消防设施物联网的建设情况。

本章还通过对比分析上海总的火灾发生率与设置消防设施物联网系统的项目的火灾发生率以及具体的建设案例，展示了消防设施物联网系统在实际应用中的效果，为其他地区的系统建设提供了参考和借鉴。

综上所述，本章不仅揭示了系统建设中的动态和趋势，还提供了丰富的实践经验和相关建议，有助于推动消防设施物联网系统的进一步发展和完善。

6

社会单位消防设施物联网系统应用情况

6.1　用户活跃情况

　　活跃用户数量是指在一个特定时间段内（如每日、每周、每月）使用软件、平台或服务的用户总数。通常用来衡量软件平台或服务的用户参与度，这个指标通过追踪用户的登录来计算。

　　截至 2024 年 4 月 13 日，上海瑞眼科技有限公司消防设施物联网系统近 7 天和近 30 天的活跃用户占比见图 6-1。

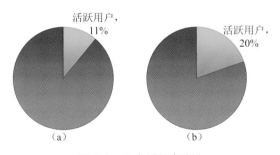

图 6-1　用户活跃度统计

（a）近 7 天；　（b）近 30 天

注：数据来源于上海瑞眼科技有限公司消防设施物联网系统。

通过对消防设施物联网平台的用户活跃度数据进行分析，发现平台的周活跃度和月活跃度均显示出较低的用户参与频率。这种现象可能指示出用户在消防安全方面的意识尚未充分提升，对消防设施物联网系统在安全管理中作用的认识存在缺失。

6.2　报警与故障次数

2019—2023 年平均每个项目每周报警及故障数见图 6-2。

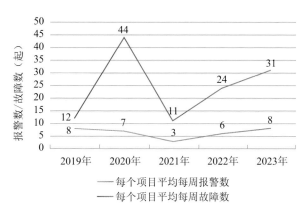

图 6-2　2019—2023 年平均每个项目每周报警及故障数

注：数据来源于上海瑞眼科技有限公司消防设施物联网系统。

从图 6-2 数据来看，报警数的波动与故障数的增长之间可能存在关联。报警数量的初期减少可能与系统的初始优化或维护改进有关，然而随后故障数的增长可能表明了随着时间的推移，消防系统遭受的压力增大，设备老化或维护策略存在不足。

在《火灾探测报警产品的维修保养与报废》GB 29837—2013 中，虽然规定了火灾探测报警产品使用寿命一般不超过12 年，可燃气体探测器中气敏元件、光纤产品中激光器件的使用寿命不超过 5 年，但该规定的执行并没有强制性，当前消防设施的老化问题严重。

建议借鉴国际上对于火灾探测报警产品实行 10 年强制报废的策略，以保证系统的有效性，从而提高整体的消防安全水平。

6.3 功能利用情况

上海瑞眼科技有限公司消防设施物联网系统中，用户常用的应用名称及周访问量见表 6-1。

消防设施物联网系统中用户常用的应用名称及周访问量　　表 6-1

排行	应用名称	周访问量（次）
1	消防巡检	85159
2	故障处理	31850
3	隐患识别	27607
4	报警处理	21373
5	维护保养操作	16932
6	火灾自动报警系统监测	12859
7	自动喷水灭火系统	8489
8	室内消火栓系统	7552

排行	应用名称	周访问量（次）
9	监控台	4149
10	智能体检	3121
11	防烟排烟系统	2234
12	室外消火栓	1082
13	电气火灾系统	606
14	智能烟感	224
15	防火分隔措施	106
16	可燃气体探测系统	76
17	视频监控	49

注：数据来源于上海瑞眼科技有限公司消防设施物联网系统。

根据近一年的统计数据分析，消防巡检功能在消防设施物联网平台中的利用率最高。这主要归因于消防巡检工作的常规性和涉及部位的广泛性，导致其周访问量显著高于其他功能。继消防巡检之后，故障处理、隐患识别、报警处理、维护保养操作和火灾自动报警系统监测的周访问题也均超过万次，反映了这些功能在日常消防安全管理中的重要性和频繁使用。这些统计数据不仅凸显了消防设施物联网平台在提升消防安全管理效率方面的关键作用，也反映了各功能在实际操作中的实用价值。对这些功能的频繁使用说明平台在促进预防性维护、及时故障响应和有效隐患排查等方面发挥了积极的作用，进一步强化了消防安全的整体管理体系。

以下对这几类频繁使用的功能作简单介绍：

（1）消防巡检。消防巡检是一项关键的安全管理活动，要求工作人员定期对消防设施设备和关键区域进行详细的检查。传统的巡检流程通常涉及手动填写巡检报表并上传至集中管理系统，这一过程既繁琐又容易出错。为解决这一问题，消防巡检应用引入了全流程管理技术，通过在消防设施设备和重点部位安装巡检标签或NFC（近场通信）感应器，实现了现代化的巡检方法。工作人员可以使用智能手机通过扫码或NFC感应方式进行日常和月度巡检，这种技术不仅简化了数据记录流程，而且通过电子化记录确保了巡检工作的真实性和可追溯性。这种创新的巡检方式有效地提高了消防安全管理的效率和质量，确保了安全措施的实际执行，从而强化了整体的安全防护体系。

（2）故障处理、隐患识别、报警处理（消息事件中心）。消息事件中心在消防设施物联网平台中扮演着至关重要的角色，作为平台预警系统的核心。该系统通过接收和分析前端传感器及探测设备反馈的数据，有效地将信息归类为报警、故障或隐患三大核心应用模块。进一步地，这些数据被整合和展示在消息事件中心，使得工作人员能够实时接收到各类警报和通知，确保他们能及时响应并采取必要措施以防止或解决潜在问题。通过消息事件中心，用户不仅可以查看并管理待处理的消防系统事件，而且管理层也能利用该中心提供的统计分析功能，识别出问题频发的区域。这种数据驱动的方法允许管理者进行有针对性的监督和管理，从而有效推动火灾隐患的及时整改，提升安全管理水平。

（3）维护保养操作。定期维护保养是确保消防设施功能正常的关键措施。现代维护保养应用通过技术创新，极大地改进了传统的维护保养流程，提供了一个高效的工具来辅助维护保养人员。这些应用程序摒弃了繁琐的纸质记录方式，转而采用智能化和自动化的电子记录。维护保养人员可以通过专用的手机应用程序按计划执行维护保养任务，系统会根据维护保养活动自动生成详细的维护保养报告。此外，平台利用维护保养过程中的设备联动信号来评估维护保养人员的执行质量，确保维护保养活动的有效性和准确性。通过这种智能化维护保养管理系统，维护保养工作的标准化、规范化和透明化得以实现，显著提升了建筑消防安全的管理水平。

（4）火灾自动报警系统监测。该应用能够实时接收来自控制器的多种信号，包括探测器报警、设备故障及设备动作状态等信息，从而使管理人员能够远程并及时地监控消防系统的运行状况。这一功能不仅增强了对火灾自动报警系统的实时响应能力，而且通过提供实时数据和警报，支持管理人员做出快速和有效的决策或应急反应。通过这种远程监控和管理技术，火灾自动报警系统的可靠性和反应速度得到显著提升，确保相关人员在紧急情况下能够迅速采取适当措施，从而有效地保护人员安全和减少财产损失。

6.4 报警处理时间

报警处理时间是指用户从接收火灾报警信息到完成处置所经历的时间。上海瑞眼科技有限公司消防设施物联网系统具有报警处理数据的自动同步功能，能够将报警主机的复位操作实时同步到管理平台。这一功能确保了平台能够准确记录和监测每一次警报的处理时间，全面反映用户的响应速度和操作效率。通过分析上海瑞眼科技有限公司消防设施物联网系统记录的报警处理时间，可以真实反映社会单位在实际工作中对火灾报警的重视程度与处置流程。

2019—2023 年，上海瑞眼科技有限公司消防设施物联网系统报警处置响应时间分布情况见图 6-3。

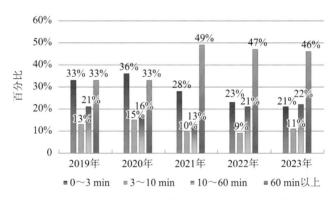

图 6-3　2019—2023 年上海瑞眼科技有限公司消防设施物联网系统报警处置响应时间分布情况

注：数据来源于上海瑞眼科技有限公司消防设施物联网系统。

近 5 年的数据显示，响应时间在 0 ～ 3min 内的占比下降了 12%，而超过 60min 的响应时间占比上升了 13%。这一变化表明当前许多用户可能未充分认识到消防报警的紧急性，导致他们在接到报警时未能迅速采取应对措施。此外，随着消防设施物联网技术使用年限的增加，误报率高，用户对报警的反应麻木了，可能使得人工响应变得更加迟缓，显示出一定程度的应对松懈。

鉴于此，建议社会单位建立和完善消防安全管理制度及消防设施物联网平台的使用规范。这包括制定具体的报警响应流程、定期进行消防演练和培训以及建立监控和评估机制，确保每一次报警都能得到快速而有效的处理。通过这些措施，可以显著提高消防报警系统的反应效率和整体的安全管理水平，有效减少因延迟响应消防事件而可能造成的人员伤亡和财产损失。

6.5 报警误报情况

2019—2023年消防设施物联网系统报警误报率变化见图6-4。

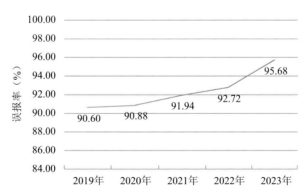

图6-4 2019—2023年消防设施物联网系统报警误报率变化

注：数据来源于上海瑞眼科技有限公司消防设施物联网系统。

从图6-4中可以观察到，消防设施物联网系统报警误报率呈逐年上升的趋势，均在90%以上。这种高误报率不仅可能导致资源的浪费，也可能增加消防部门的工作压力，降低社会对真实火警的敏感性。

消防报警器误报的原因有很多，主要包括环境干扰、设备老化、外力干扰、人为破坏等，针对消防报警器误报这一问题，社会单位必须高度重视，需要针对具体情况进行分析，采取相应的措施进行处理。同时，建议对火灾探测报警产品实行10年强制报废的策略，防止设备因老化过度而失效。

6.6 用户反馈及改进建议

在对全国范围内物业、维护保养、单位管理人员等用户进行的线上、线下调研中，上海瑞眼科技有限公司收集和整理了客户对我国各类消防设施物联网平台使用感受的反馈意见。

1. 系统稳定性

问题：用户普遍关注平台的稳定性，反映在某些情况下遭遇系统故障或中断服务，这导致消防监控和紧急响应的不连续性。

建议：消防设施物联网服务商应定期进行系统维护和软硬件升级，以及加强性能监控，建立预警机制以提前发现并处理潜在的系统问题，同时采用负载均衡技术防止系统过载。此外，应考虑用户实际情况，提供个性化的系统部署方式，并使用最新容灾技术保证数据和服务的持续性。

2. 防烟排烟系统监测预警

问题：一些建筑存在防烟排烟系统与新风系统合用的现象。当新风系统启动时，消防设施物联网系统难以有效区分其与防烟排烟系统启动时的不同，无法正确判断当前情况，从而导致预警不准确，产生错误的预警信号。

建议：为了解决这一问题，建议对防烟排烟系统的监测装置进行技术升级，特别是增加对风机运行方向的监控，确保消防设施物联网平台能够接收并正确解析来自风机方向感应器的信号，及时更新系统状态，有效分辨正常通风与紧急排烟状态，从而避免误报。

3. 报警复位等重复操作

问题：在目前的消防设施物联网系统中，社会单位接收到消防报警后，若现场核实结果为误报，操作人员通常会直接在报警主机上进行复位操作以取消警报状态。然而，大多数消防设施物联网系统尚未实现从报警主机到管理平台的自动数据同步。这导致用户必须在物联网平台上再次手动进行报警处理，这种分离的操作流程增加了管理复杂性，并可能影响数据的完整性和准确性。

建议：消防设施物联网系统应开发自动同步功能，以确保报警主机的复位操作能够即时同步到管理平台。这将消除需要在平台上进行重复操作的必要，简化操作流程。

4. 实时报警准确性

问题：对于平台的实时报警功能，用户反馈需要提高报警的准确性和降低误报率，确保管理人员能够及时准确地做出反应。

建议：首先，消防设施物联网服务商可对现有的报警算法进行优化，利用先进的数据分析技术和机器学习模型，以更准确地区分正常情况与潜在火灾事件。其次，定期清洁和校准报警传感器，以减少设备性能退化造成的误报。另外，建议平台提供多种事件通知预警机制，提供 7×24h 人工客服预警服务，确保真实报警事件通知到位。

5. 远程控制设备

问题：用户希望能通过消防设施物联网平台远程控制消防设备，如实现远程消声/复位、水泵远程启动/停止等，减少手动操作时间，以便更加迅速地响应。此外，目前已有多个省份发文，明确：能够通过城市消防远程监控系统实现远程操作消防控制室所有控制功能的，每班不少于一人。即实现消控室所有远程控制功能的建筑，可以实行消控室单人值班。

建议：消防设施物联网服务商应加快研发平台的远程控制能力，例如集成远程消声/复位功能和水泵的远程启动/停止控制。这将要求对现有系统进行升级，以确保支持安全的远程访问和控制协议。同时，增加端到端加密和多重身份验证机制，以保障远程操作的安全性。此外，提供详细的用户指南和培训，确保管理人员能够充分理解并有效利用这些远程控制功能。通过优化消防设施物联网平台的远程控制能力，可以显著提高火灾应急响应的速度和效率，降低对人工操作的依赖，为消防安全管理提供更高级别的自动化支持。

6. 数据分析报告

问题：提供的数据分析工具和报告功能需进一步增强，用户希望数据分析报告可以直接导出 PPT 格式，并支持自定义模块，从而可以直接使用报告来向上级汇报工作。

建议：消防设施物联网服务商可对数据分析工具进行升级，使其能够支持数据分析报告直接导出为 PPT 格式，并允许用户自定义汇报模块。这将涉及开发一个更加强大和灵活的报告生成器，该生成器可以根据用户需要选择性地展现数据和分析结果，并以一种清晰、专业的形式呈现在 PPT 文档中。此外，提供丰富的可视化选项和模板，以适应不同的汇报风格和内容要求。通过这项改进，用户将节省制作汇报材料的时间，更加高效地向上级或相关部门展示消防设施物联网系统的运行状况和安全分析，有助于提高沟通效率和决策质量。

7. 定期维护和更新

问题：用户期望平台进行定期维护和软件更新，以引入新功能，并保持系统与最新消防安全标准规范的同步。

建议：消防设施物联网服务商应实施一个结构化的系统维护计划，包括周期性的系统评估、功能增强以及与最新消防安全标准和规范保持一致的升级，确保平台技术的先进性和适用性。持续的维护和更新策略将有助于平台保持长期高效和安全运行，同时提升用户的信赖感。

6.7 本章小结

本章通过细致的数据分析揭示了社会单位在应用消防设施物联网系统中存在的不足，特别指出了系统利用率低、报警处理延迟和维护不充分等关键问题，并介绍了系统功能利用情况以及用户反馈和对应的改进建议。

本章首先指出，虽然消防设施物联网系统的设计是为了增强消防安全管理的效能，但社会单位的低活跃度表明系统的潜在功能并未得到充分利用。特别是在报警处理方面，数据显示响应时间存在延迟，增加了安全风险。同时，高频率的故障和高误报率揭示了消防设施维护的不足，这些通常源于对定期检查和保养的忽视。

此外，本章分析了不同功能模块的使用情况，揭示了用户对系统功能的偏好和需求，为系统的进一步优化提供了数据支持。还提出了用户反馈和改进建议，不仅体现了用户对系统性能的直接评价，也指导了系统的技术改进方向。

综合来看，本章不仅通过深入的数据分析指出了社会单位在消防设施物联网系统应用中的核心问题，还通过评估系统功能的利用情况和用户反馈，提供了针对性的解决策略。这些分析和建议为提高消防安全管理的效率和效果提供了科学依据和实践指导，确保消防设施物联网系统能在关键时刻发挥最大效能。

7

基于消防设施物联网系统的建筑消防安全评估

7.1 安全评估的方法

7.1.1 系统评估的背景、目的和意义

传统消防安全评价技术手段很难预测相对复杂的安全形势，无法动态感知消防评估对象。基于大数据分析的火灾风险智能评价技术，能对多类消防安全数据进行大规模的存储管理，将大数据分析、人工智能、边缘计算等现代先进信息技术与数学统计、风险评估相结合，有效收集、分析信息，通过复杂的数学统计和分析模型，构建基于大数据分析的火灾风险智能评价体系。对各个区域、建筑物的消防能力进行评估，对火灾风险进行提前感知、智能预警，使业主、消防救援机构可以全面、及时地掌握各区域内的消防安全情况以及各项消防相关业务实际进展情况，为消防救援、业务管理、人员管理等相关工作提供决策支持，提高城市消防安全管理能力，从而使城市更好地发展。

随着法律法规的更新和技术的发展，旧的消防安全措施可

能不再适用，物业管理者需要不断更新知识和技能以跟上安全标准。因此，专业的消防安全评估成为必要，通过对建筑的全面审查，结合最新的安全规范，为物业管理者提供了一个详细的隐患和不足之处的清单，并附带针对性的改进建议，帮助他们提高消防安全管理水平，避免潜在的火灾风险，确保居民和财产的安全。

通过专业的消防安全评估算法对建筑进行全面的检测并识别出各种隐蔽的消防隐患。消防安全评估结果以报告的形式呈现给物业管理者，直观地展示出所有已识别的风险点和不足之处。物业管理者可以及时了解当前存在的消防安全隐患，以达到提高整体的消防安全管理水平的目的。

消防安全评估可以让物业管理者能够系统地洞察到建筑物内潜在的火灾风险和不足之处，评估涵盖了设施状态、维护保养、安全管理、救援力量等各个方面。消防安全评估算法根据最新的消防法规和技术规范提供全面的检查和详细的报告，其中不仅列出了存在的问题，还包含了如何有效解决这些问题的具体措施。通过实施这些建议，物业可以增强整个建筑的消防安全防护能力，减少火灾发生的几率，并确保在紧急情况下人员能够快速安全地疏散。同时，良好的消防安全管理还能够减轻物业管理者管理压力和风险。根据目标值及异常项确定目标建筑物的消防安全状态信息，完成对建筑物总体消防安全状态的评估，按照不同系统和设备的权重，计算得到建筑总体评估分值和安全等级，并向目标建筑物人员反馈消防安全隐患和相应规范要求，以此帮助单位及时整改隐患。这对于提升消防设施的安全性具有积极的意义。

7.1.2　系统评估的方法和指标

1. 系统评估的方法

1866 年，美国国家火灾保险商委员会（NBFU）为提高城市防火和公共消防能力，开发了城市检查和等级系统。随后英国、日本、澳大利亚等发达国家都相继开展了大量的区域火灾风险评估研究，并在实践中进行了成熟的应用。与国外发达国家相比，我国关于火灾风险评估的研究起步较晚，安全评价首先在矿山生产、危险品运输、发电厂等安全要求较高的生产领域或场所应用，并逐渐形成了较为成熟的安全评价方法和流程。近年来，随着消防工作受到越来越多的重视，消防救援机构和各科研院所开展了大量的研究工作，火灾风险评估也逐步在很多消防管理工作中得到了良好的应用。

在长期的研究积累和应用实践中，涌现出了许多火灾风险评估方法。从方法学的角度，火灾风险评估方法可分为定性法、半定量法和定量法。定性的火灾风险评估方法主要用于识别最不利火灾事件。目前比较典型的定性火灾风险评估方法有：安全检查表法、风险分类指示器方法（Risk Category Indicator Method）等。这类方法主要以标准、规范或规章的有关规定为评判依据，以简单方式确定火灾风险特征，从而采取指令性方式解决消防安全问题。半定量的火灾风险评估方法，也称为火灾风险分级法，主要用来确定火灾的相对风险。比较典型的半定量火灾风险评估方法有风险值矩阵法、RHAVE（风险、危害和经济价值评估）法、火灾风险指数法

（Fire Risk Index Method）、工程用火灾风险评估法（F.R.A.M.E）等。半定量法由于其快捷简便、结构化强的特点，应用较为广泛，然而缺点是它是针对特定类型建筑、工艺开发的，不具有普适性，尤其是因素选择和权重确定；另外，评价结果与方法开发者的知识水平、经验以及相关历史数据积累等密切相关，具有一定主观性。定量的火灾风险评估方法主要用于确定火灾的实际风险，其通过明确的假设、数据以及数学关联，追溯产生量化结果并反映潜在的火灾风险分布，也称为概率法。比较典型的方法有 CRISP（Computation of Risk Indices by Simulation Procedures）法、FireCAM（Fire Risk Evaluation and Cost Assessment Model）法、风险分析事件树法等。这类方法优点是结果反映了风险不确定的本质，缺点是需要大量的数据资料和时间。

由于火灾事故数据资料的缺乏以及时间、费用等方面的限制，准确计算火灾事故的概率是困难的，而且在相当多的场合根本无法得到这种概率。因此，长期以来火灾风险评估仍以定性法和半定量法为主。定性法对分析对象的火灾危险状况进行系统、细致的检查，根据检查结果对其火灾危险性做出大致的评价。半定量分析方法则将对象的危险状况表示为某种形式的分度值，从而区分出不同对象的火灾危险程度，这种分度值可以与某种定量的经费加以比较，因而可以进行消防费用效益、火灾风险大小等方面的分析。

依托于不断动态生成的消防大数据，将大数据分析、人工智能、边缘计算等现代先进信息技术与数学统计、风险评估相结合，构建基于大数据分析的火灾风险智能评价体系，对各个区域、各个建筑物的消防能力进行评估，量化风险等级，有着十分重要的研究意义和价值。对火灾风险进行提前感知、智能预警，使消防救援机构可以全面及时地掌握各区域内的消防安全情况以及各项消防相关业务实际进展情况，将为消防救援、业务管理、人员管理等相关工作提供决策支持。基于大数据分析的消防安全评估体系在城市消防治理中将有效提升公共服务、城市管理和防灾减灾能力，实现火灾预防和灭火救援的精确化、科学化。建立用数据研判评估、用数据预知预警、用数据辅助决策、用数据指导实战、用数据加强监督的消防安全管理机制将全面提升社会消防安全治理水平。

通过对消防规范和技术标准梳理，结合消防设施物联网数据对影响消防安全的消防设施运行状态、消防设施维护保养情况、消防安全管理情况、消防救援力量进行量化分析计算得出建筑的消防安全评估分值，该消防安全评估分值可以充分反映该建筑的消防安全水平。

2. 系统评估的指标

根据 2022 年 1 月上海市消防救援总队申报的应急管理部消防救援局科技计划项目"基于大数据分析的消防安全智能评估技术研究与应用"的科技报告，在基于消防大数据的动态智能评估模型中，指标体系构建应遵守科学性原则、系统性原则、可操作性原则和相对独立性的原则，需要充分考虑综合体结构特点和火灾特性，还要兼顾综合体实际的火灾风险。多种评估指标按照自身层级和待评估目标的内在逻辑结构组成不同级别的评估体系，形成一个适用于待评估目标消防安全状态的统一整体，即为评估的指标体系。

在消防安全评估指标体系制定过程中，主要参考了《中华人民共和国消防法》《机关、团体、企业、事业单位消防安全管理规定》《高层民用建筑消防安全管理规定》《大型商业综合体消防安全管理规则（试行）》《上海市消防条例》《上海市建筑消防设施管理规定》《建筑设计防火规范（2018年版）》GB 50016—2014、《消防应急照明和疏散指示系统技术标准》GB 51309—2018、《火灾自动报警系统设计规范》GB 50116—2013、《消防设施物联网系统技术标准》DG/TJ 08—2251—2018、《火灾报警控制器》GB 4717—2005a^①、《消防联动控制系统》GB 16806—2006、《消防给水及消火栓系统技术规范》GB 50974—2014、《建筑防烟排烟系统技术标准》GB 51251—2017、《火灾自动报警系统施工及验收标准》GB 50166—2019、《自动喷水灭火系统施工及验收规范》GB 50261—2017、《建筑消防设施的维护管理》GB 25201—2010、《社会单位灭火和应急疏散预案编制及实施导则》GB/T 38315—2019、《消防安全重点单位微型消防站建设标准（试行）》《社区微型消防站建设标准（试行）》等多部消防法律法规及技术标准；梳理了约90条法规及标准的条文要求。

为深入评价消防安全状态，消防安全评估构建了包含4个

---

① 该标准最新版本为《火灾报警控制器》GB 4717—2024，实施日期为2025年5月1日。

一级指标的综合指标体系：消防设施运行状态、消防设施维护保养情况、消防安全管理状况以及消防救援力量。在这 4 个大类下，进一步细分出了 100 多个二级指标，全面覆盖消防安全的关键方面。评分机制采用专家打分法，以百分制为标准，通过专家组对各项指标进行评定，形成标准分数。随后，这些数据被用于训练神经网络模型，通过机器学习技术，建立起一个科学精确的消防安全评估模型。该模型能有效地量化并评估社会单位的消防安全状态，为消防安全管理提供强有力的数据支持和决策依据。

7.2 消防安全评估分值变化

2019—2023 年某县级市消防设施物联网项目的平均消防安全评估分值变化见图 7-1。

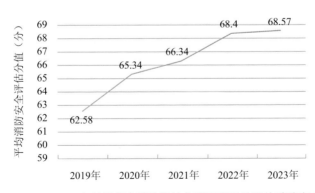

图7-1 2019—2023 年某县级市消防设施物联网项目的平均消防安全评估分值变化

2019—2023 年，该县级市的消防设施物联网项目的平均消防安全评估分值从 62.58 分逐步上升至 68.57 分，呈现出逐年提升的积极趋势，整个区域的火灾风险显著降低。据悉，该县级市消防主管部门高度重视消防安全评估的应用，通过持续监测评估分值变化，并向低分单位下发整改指令，确保所有单位严格遵循消防安全规范，及时解决消防安全隐患，降低火灾风险。

消防安全评估分值在提升地方消防管理标准、降低火灾风险以及增强应急处置能力方面发挥了至关重要的作用，展现出不可替代的价值和意义。

2019—2023 年上海瑞眼科技有限公司消防设施物联网项目的消防安全评估分值分布情况见图 7-2。

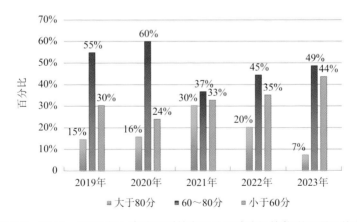

图 7-2　2019—2023 年上海瑞眼科技有限公司消防设施物联网项目的消防安全评估分值分布情况

注：数据来源于上海瑞眼科技有限公司消防设施物联网系统。

通过对 2019—2023 年的消防安全评估分值进行统计分析，

可以观察到几个关键的趋势和变量，这些数据揭示了消防安全管理的复杂动态和影响因素。以下是对数据的系统化分析：

高分项目（大于 80 分）的占比变化：高分项目的占比经历了明显的波动，从 2019 年的 15% 逐步上升至 2021 年的 30%，之后又下降至 2023 年的 7%。这种变化可能揭示了特定消防安全措施的实施效果及其可持续性的挑战。

中等分项目（60～80 分）的占比变化：在 60～80 分区间内，项目数量占比相对稳定，波动范围为 37%～60%。这表明大多数建筑在消防安全方面达到了合格标准，但优化空间仍然存在。

低分项目（小于 60 分）的占比变化：低分项目的占比自 2019 年的 30% 增至 2023 年的 44%，表明一部分建筑在消防安全管理上存在持续性问题，这可能是由于缺乏有效的安全管理措施或是对新安全规定的适应不足。

建筑消防安全评估分值的低迷趋势反映出消防设施物联网平台对消防安全管理的高标准、严要求以及社会单位对消防安全问题的不重视、不解决之间的显著矛盾。建议各社会单位积极运用平台提供的消防安全评估工具，识别并解决消防安全管理中的薄弱环节，进而达到提高整体消防安全水准、降低火灾事故概率的目标。

7.3　各类建筑消防安全评估分值变化

2021—2023 年上海瑞眼科技有限公司消防设施物联网项目中各类建筑的平均消防安全评估分值变化见表 7-1。

2021—2023 年上海瑞眼科技有限公司消防设施物联网项目中各类
建筑的平均消防安全评估分值变化　　　　　表 7-1

排行	建筑类型	2021 年	2022 年	2023 年	年平均分
1	仓储物流建筑	79.08	67.89	65.51	70.83
2	医疗建筑	64.95	65.45	63.00	64.47
3	交通建筑	52.31	70.63	64.48	62.47
4	市政建筑	60.76	70.17	52.21	61.05
5	文化建筑	59.62	62.95	60.26	60.94
6	工业建筑	57.49	60.38	61.18	59.68
7	福利建筑	57.64	61.16	59.94	59.58
8	体育建筑	75.21	67.90	34.08	59.06
9	司法建筑	45.24	54.57	74.63	58.15
10	游乐休闲建筑	71.18	60.14	37.37	56.23
11	金融建筑	53.08	57.76	52.99	54.61
12	邮电媒体建筑	30.59	62.45	70.18	54.41
13	商业建筑	47.16	57.00	54.39	52.85
14	办公建筑	46.16	54.67	55.41	52.08
15	综合建筑	47.58	54.11	49.12	50.27
16	旅游建筑	40.59	54.51	52.68	49.26
17	博览建筑	32.95	53.85	59.55	48.78
18	科研建筑	36.50	49.09	45.19	43.59
19	餐饮建筑	44.16	48.77	37.80	43.57
20	居住建筑	56.57	36.96	35.86	43.13
21	教育建筑	32.07	47.49	43.80	41.12
22	宗教建筑	33.14	41.82	34.99	36.65
23	观演建筑	36.85	25.88	36.46	33.06

　　注：建筑分类依据：《建筑信息模型分类和编码标准》GB/T 51269—
2017 中表 A.0.1。

通过统计消防设施物联网平台 2021—2023 年各类建筑的平均消防安全评估分值，可以看出仓储物流建筑（如仓库、货运站、社会物流服务建筑、集装箱码头等）的平均消防安全评估分值最高，近 3 年年平均分达到 70 分以上。仓储物流建筑通常涉及易燃物品的存储与搬运，因此在消防安全措施上具有较高的标准和严格的管理。

第二、三、四、五名分别是医疗建筑（如综合医院、社区卫生服务中心、疗养院等）、交通建筑（如机场、城市轨道交通等）、市政建筑（如自来水厂、配电站、加油站等）、文化建筑（如图书馆、档案馆、活动中心等），近 3 年年平均分达到 60 分以上。这些建筑通常都受到较为严格的政府监管和社会监督，因此在消防安全管理上更受重视。

由于建筑的历史性、结构复杂性、人员架构等原因，宗教建筑（如佛教建筑、道教建筑、教堂等）和观演建筑（如剧院、电影院、音乐厅、多功能小剧场等）的消防安全管理难度较大，平均消防安全评估分值也相对较低，近 3 年年平均分均在 40 分以下。虽然，上海、江苏、浙江、福建、吉林、云南等地均在积极推进宗教活动场所消防安全达标建设，但实际执行成效尚不理想。这种情况揭示了宗教活动场所及观演建筑的消防安全管理面临了诸多挑战，同时也表明需要对现行策略和实施方法进行深入审视和改进，以确保这些重要场所的安全。

7.4 各维度消防安全评估分值

2021—2023 年上海瑞眼科技有限公司消防设施物联网项目在不同维度上的消防安全评估分值日平均分情况见表 7-2。

2021—2023 年上海瑞眼科技有限公司消防设施物联网项目在不同
维度上的消防安全评估分值日平均分情况　　　　　　表 7-2

年份	消防设施 （日平均分）	维护保养 （日平均分）	消防安全管理 （日平均分）
2021 年	45.7	15.9	91.4
2022 年	44.4	15.7	78.9
2023 年	39.9	16.2	77.2

注：各维度消防安全评估满分均为 100 分。数据来源于上海瑞眼科技有限公司消防设施物联网系统。

根据 2021—2023 年的消防安全评估分值数据分析，多数单位在消防安全管理方面的表现较为出色，评估分值普遍较高。这一结果反映了这些单位已成功建立了成熟的消防安全管理体系，包括建筑消防信息的全面记录、对报警和故障情况的迅速响应，以及消防责任的明确划分。

然而，消防设施方面的评估分值相对较低，为 40 分左右。这表明一些单位可能未充分重视消防设施的日常管理，常见的问题包括设备故障未能及时修复等。这些缺陷构成了潜在的安全风险。

更为关键的是，维护保养方面的评估分值最低，仅为 16 分左右，表明大部分单位未按规定执行消防设施的定期维护保养工作，反映了维护保养工作的落实存在极大问题。

　　为改善这一状况，建议相关单位加强对消防设施维护保养的重视，督促维护保养单位制定和执行详尽的维护保养计划，确保所有消防设备和系统按照国家安全标准进行定期检查和维护。此外，加强员工培训和意识提升，确保每个相关人员都明白其在消防安全管理中的角色和责任，从而提高整体的消防安全管理水平。这些措施将有助于提升消防设施的运行效率和可靠性，降低潜在的安全风险。

7.5　上海与其他地区评估分值分布差异

7.5.1　消防安全综合评估分值对比

　　截至 2024 年 4 月 13 日，上海与其他地区消防安全评估分值分布情况如图 7-3 所示。

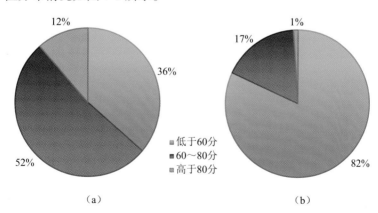

（a）　　　　　　　　　　　　　　（b）

图 7-3　上海与其他地区消防安全评估分值分布情况

（a）上海消防安全评估分值分布；（b）其他地区消防安全评估分值分布

注：数据来源于上海瑞眼科技有限公司消防设施物联网系统。

由图 7-3 数据可见，上海的消防安全综合评估分值显著高于其他地区，上海有 12% 的建筑评分超过 80 分，而其他地区该比例仅为 1%。同时，上海评分低于 60 分的建筑比例为 36%，远低于其他地区的 82%。

这一评分差异反映出上海采用的创新管理模式——"政府搭台 + 社会单位自建"的效果显著。在此模式下，政府不仅提供了上海消防数据对接平台作为监控工具，更是通过实时监控激励和引导社会单位积极提升消防安全标准，确保消防设施的完整性和功能性。这种模式有效地促进了社会单位在消防安全管理上的自主性，极大提高了整体消防安全水平。

7.5.2　各维度消防安全评估分值对比

选取消防设施、维护保养、安全管理这三个关键维度来对上海及上海外区域的评估分值进行对比。截至 2024 年 4 月 13 日，上海与其他地区的各维度的消防安全评估分值分布情况如图 7-4 ～图 7-6 所示。

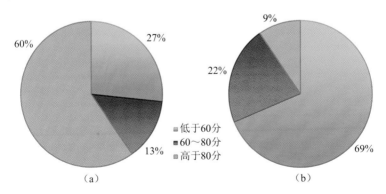

图 7-4　上海与其他地区消防设施评估分值分布情况

（a）上海消防设施评估分值分布；（b）其他地区消防设施评估分值分布

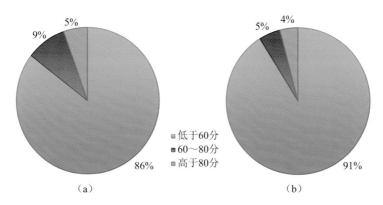

图 7-5　上海与其他地区维护保养评估分值分布情况

（a）上海维护保养评估分值分布；（b）其他地区维护保养评估分值分布

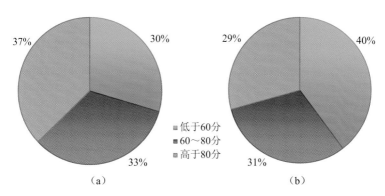

图 7-6　上海与其他地区安全管理评估分值分布情况

（a）上海安全管理评估分值分布；（b）其他地区安全管理评估分值分布

　　从图 7-4 ～图 7-6 数据可见，上海的消防设施评估结果明显优于其他地区，安全管理评估结果较优于其他地区，表明上海大力推进建筑消防设施物联网系统的建设并将物联网数据接入上海消防数据对接平台进行监管的策略已取得显著效果。这种做法有效地保障了消防设施的完整性和功能性，显著提升了地区的消防安全水平。

　　然而，关于维护保养的评估分值，上海与其他地区之间的差距不大，表明现行的维护保养监管策略尚未达到预期的效果。当前，上海的维护保养监管主要依靠人脸识别和 GPS 定位技术，确保维护保养人员的身份与到场真实性，但这种方法并未深入评估维护保养工作的质量和实际效果。为了提高维护保养监管的有效性，未来策略应包括加强物联网技术的应用，利用物联网数据来客观评估维护保养活动的质量和合规性。通过这些技术手段，可以更精确地监控和验证维护保养工作的实际执行情况，从而提升消防设施的维护质量和整体消防安全管理的效率。

7.6　常见安全评估不合格的项目

7.6.1　安全评估不合格项 TOP10

　　根据上海瑞眼科技有限公司消防设施物联网系统安全评估应用得到的 2023 年安全评估不合格项 TOP10 见表 7-3。

2023 年安全评估不合格项 TOP10　　　　　表 7-3

排行	隐患项
1	存在未处理的故障信息
2	未及时处理隐患
3	未开展消火栓泵手动控制功能试验
4	未开展喷淋泵手动控制功能试验

排行	隐患项
5	联动切断非消防电源异常
6	火灾警报和消防应急广播系统联动异常
7	存在未处理的报警信息
8	消控室无可直接报警的外线电话
9	电梯联动异常
10	未开展末端试水阀放水试验

7.6.2 各类型建筑安全评估不合格项 TOP5

通过分析上海瑞眼科技有限公司消防设施物联网系统 23 类建筑的消防安全评估结果，各类型建筑安全评估不合格项 TOP5 见表 7-4。

各类型建筑安全评估不合格项 TOP5　　　　　表 7-4

序号	建筑类型	隐患项
1	交通建筑	未及时处理故障
		联动切断非消防电源异常
		未及时处理报警
		未开展喷淋泵手动控制功能试验
		未开展消火栓泵手动控制功能试验
2	仓储物流建筑	未开展喷淋泵手动控制功能试验
		未开展消火栓泵手动控制功能试验
		未及时处理故障
		未及时处理隐患
		电梯联动异常

续表

序号	建筑类型	隐患项
3	体育建筑	未及时处理隐患
		未开展喷淋泵手动控制功能试验
		未及时处理故障
		未开展消火栓泵手动控制功能试验
		未开展末端试水阀放水试验
4	办公建筑	未及时处理隐患
		未开展消火栓泵手动控制功能试验
		未及时处理故障
		未开展喷淋泵手动控制功能试验
		电梯联动异常
5	医疗建筑	未开展消火栓泵手动控制功能试验
		未开展喷淋泵手动控制功能试验
		未及时处理隐患
		未及时处理故障
		电梯联动异常
6	博览建筑	未开展消火栓泵手动控制功能试验
		未及时处理隐患
		未及时处理故障
		未开展喷淋泵手动控制功能试验
		消控室无可直接报警的外线电话
7	司法建筑	电梯联动异常
		未开展喷淋泵手动控制功能试验
		未开展末端试水阀放水试验
		火灾警报和消防应急广播系统联动异常
		未及时处理故障

续表

序号	建筑类型	隐患项
8	商业建筑	未及时处理隐患
		未及时处理故障
		未开展消火栓泵手动控制功能试验
		未开展喷淋泵手动控制功能试验
		未及时处理报警
9	宗教建筑	消控室无可直接报警的外线电话
		未开展手动报警按钮报警功能试验
		未及时处理隐患
		未开展探测器报警功能试验
		未及时处理故障
10	居住建筑	未及时处理故障
		未及时处理隐患
		未及时处理报警
		未开展每月喷淋泵启动运转试验
		未开展喷淋泵手动控制功能试验
11	工业建筑	未及时处理隐患
		未及时处理故障
		未开展消火栓泵手动控制功能试验
		未开展喷淋泵手动控制功能试验
		火灾警报和消防应急广播系统联动异常
12	市政建筑	消控室无可直接报警的外线电话
		未及时处理故障
		未及时处理报警
		未及时处理隐患
		火灾警报和消防应急广播系统联动异常

序号	建筑类型	隐患项
13	教育建筑	未及时处理故障
		未及时处理隐患
		未开展消火栓泵手动控制功能试验
		未开展喷淋泵手动控制功能试验
		未及时处理报警
14	文化建筑	未开展消火栓泵手动控制功能试验
		未开展喷淋泵手动控制功能试验
		未及时处理故障
		火灾警报和消防应急广播系统联动异常
		未及时处理隐患
15	旅游建筑	未及时处理故障
		未开展消火栓泵手动控制功能试验
		未及时处理隐患
		未开展喷淋泵手动控制功能试验
		火灾警报和消防应急广播系统联动异常
16	游乐休闲建筑	未及时处理隐患
		未及时处理故障
		未开展喷淋泵手动控制功能试验
		未开展消火栓泵手动控制功能试验
		火灾警报和消防应急广播系统联动异常
17	福利建筑	未开展喷淋泵手动控制功能试验
		未开展消火栓泵手动控制功能试验
		未及时处理隐患
		未及时处理故障
		未开展末端试水阀放水试验

续表

序号	建筑类型	隐患项
18	科研建筑	未及时处理隐患
		未及时处理故障
		火灾警报和消防应急广播系统联动异常
		应急照明和疏散指示系统联动异常
		未开展防火门监控器启动、反馈功能试验
19	综合建筑	未及时处理隐患
		未开展消火栓泵手动控制功能试验
		未及时处理故障
		未开展喷淋泵手动控制功能试验
		火灾警报和消防应急广播系统联动异常
20	观演建筑	未开展喷淋泵手动控制功能试验
		未及时处理故障
		未开展消火栓泵手动控制功能试验
		未及时处理隐患
		喷淋泵联网异常
21	邮电媒体建筑	未开展消火栓泵手动控制功能试验
		未开展喷淋泵手动控制功能试验
		未及时处理故障
		未及时处理隐患
		联动切断非消防电源异常
22	金融建筑	未开展喷淋泵手动控制功能试验
		未开展消火栓泵手动控制功能试验
		未及时处理隐患
		未及时处理故障
		应急照明和疏散指示系统联动异常

从安全评估的数据中可以明显看到，各类型建筑的不合格项主要集中在两个方面：事件处置不及时和维护保养工作不到位。

事件处置不及时表明在发生火警、故障或其他安全隐患时，相关单位未能迅速采取行动。这种延迟处理会增加火灾扩散的风险，对人员安全和财产造成更大威胁。

维护保养工作不到位是另一个普遍存在的问题。这通常涉及设备的定期检查和维护被忽略或执行不彻底，可能导致消防设备在关键时刻无法正常工作。

这两大突出问题严重威胁了社会单位的消防安全，需要被及时地识别和整改。强化事件的即时处理和落实设备维护保养工作是防止火灾事故发生和扩散的关键措施。

7.7 本章小结

本章首先详细介绍了消防安全评估的基本方法，说明评估是以百分制来量化建筑物的火灾风险等级，衡量安全措施的有效性。随后，通过分析某地 2019—2023 年的消防安全评分变化，展示了消防安全评估在强化监管方面所取得的成效，并通过展现平台所有项目的评估分值变化情况，提示监管部门需要更加重视评分的实际应用和监管力度的加大，确保评估活动能够真正转化为安全管理上的具体改进。

本章还对比了上海和其他地区的消防安全评估分值，指出虽然上海在消防设施及安全管理方面的评估结果表现优于其他地区，但维护保养的评估分值与其他地区差距不大，这表明上海对于维护保养的监管仍有不足，需进一步加强物联网技术在维护保养质量监管上的作用。此外，本章提供了各类建筑消防安全评估分值变化、常见安全评估不合格项，为消防安全管理提供实际参考。

综上所述，本章通过深入分析和实例说明，突出了消防设施物联网系统在建筑消防安全评估中的应用价值和实际效果，同时指出了当前评估和监管实践中存在的问题及改进建议，提供了向前推进消防安全管理策略和措施的方向。

8

基于消防设施物联网系统的维护保养

8.1 消防设施维护保养的相关规定

我国多部法律法规及标准规范对消防设施的维护保养工作有明确规定，主要有：

1.《中华人民共和国消防法》

第十六条：机关、团体、企业、事业等单位应当履行下列消防安全职责：

（二）按照国家标准、行业标准配置消防设施、器材，设置消防安全标志，并定期组织检验、维修，确保完好有效。

（三）对建筑消防设施每年至少进行一次全面检测，确保完好有效，检测记录应当完整准确，存档备查。

第三十四条：消防设施维护保养检测、消防安全评估等消防技术服务机构应当符合从业条件，执业人员应当依法获得相应的资格；依照法律、行政法规、国家标准、行业标准和执业准则，接受委托提供消防技术服务，并对服务质量负责。

2.《机关、团体、企业、事业单位消防安全管理规定》

第七条：单位可以根据需要确定本单位的消防安全管理人。消防安全管理人对单位的消防安全责任人负责，实施和组织落实下列消防安全管理工作：

（五）组织实施对本单位消防设施、灭火器材和消防安全标志的维护保养，确保其完好有效，确保疏散通道和安全出口畅通。

第二十七条：单位应当按照建筑消防设施检查维修保养有关规定的要求，对建筑消防设施的完好有效情况进行检查和维修保养。

3.《高层民用建筑消防安全管理规定》

第七条：高层公共建筑的业主单位、使用单位应当履行下列消防安全职责：

（五）对建筑消防设施、器材定期进行检验、维修，确保完好有效。

第八条：高层公共建筑的消防安全管理人应当履行下列消防安全管理职责：

（三）组织实施对建筑共用消防设施设备的维护保养。

第十条：接受委托的高层住宅建筑的物业服务企业应当依法履行下列消防安全职责：

（三）对管理区域内的共用消防设施、器材和消防标志定期进行检测、维护保养，确保完好有效。

第三十二条：不具备自主维护保养检测能力的高层民用建筑业主、使用人或者物业服务企业应当聘请具备从业条件的消防技术服务机构或者消防设施施工安装企业对建筑消防设施进行维护保养和检测；存在故障、缺损的，应当立即组织维修、更换，确保完好有效。

4.《建筑消防设施的维护管理》GB 25201—2010

4.2 建筑物的产权单位或受其委托管理建筑消防设施的单位，应明确建筑消防设施的维护管理归口部门、管理人员及其工作职责，建立建筑消防设施值班、巡查、检测、维修、保养、建档等制度。确保建筑消防设施正常运行。

4.3 同一建筑物有两个以上产权、使用单位的，应明确建筑消防设施的维护管理责任，对建筑消防设施实行统一管理，并以合同方式约定各自的权利义务。委托物业等单位统一管理的，物业等单位应严格按合同约定履行建筑消防设施维护管理职责。建立建筑消防设施值班、巡查、检测、维修、保养、建档等制度，确保管理区域内的建筑消防设施正常运行。

4.4 建筑消防设施维护管理单位应与消防设备生产厂家、消防设施施工安装企业等有维修、保养能力的单位签订消防设施维修、保养合同。维护管理单位自身有维修、保养能力的，应明确维修、保养职能部门和人员。

8.2 各年度不同维护保养项的完成率

2019—2023 年，上海瑞眼科技有限公司消防设施物联网系统记录的不同维护保养项完成率见图 8-1 ～图 8-4。

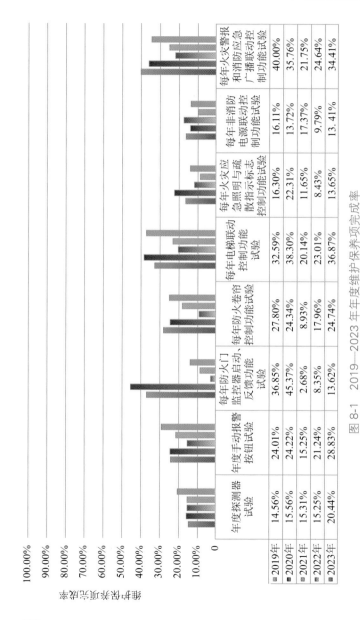

	年度探测器试验	年度手动报警按钮试验	每年防火门监控器启动、反馈功能试验	每年防火卷帘控制功能试验	每年电梯联动控制功能试验	每年火灾应急照明与疏散指示标志控制功能试验	每年非消防电源联动控制功能试验	每年火灾警报和消防应急广播联动控制功能试验
2019年	14.56%	24.01%	36.85%	27.80%	32.59%	16.30%	16.11%	40.00%
2020年	15.56%	24.22%	45.37%	24.34%	38.30%	22.31%	13.72%	35.76%
2021年	15.31%	15.25%	2.68%	8.93%	20.14%	11.65%	17.37%	21.75%
2022年	15.25%	21.24%	8.35%	17.96%	23.01%	8.43%	9.79%	24.64%
2023年	20.44%	28.83%	13.62%	24.74%	36.87%	13.65%	13.41%	34.41%

图 8-1　2019—2023 年年度维护保养项完成率

注：数据来源于上海瑞眼科技有限公司消防设施物联网系统。

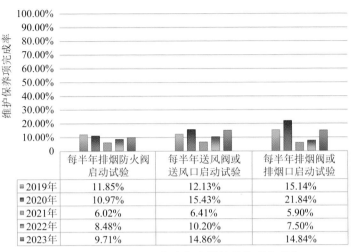

图 8-2　2019—2023 年半年度维护保养项完成率

注：数据来源于上海瑞眼科技有限公司消防设施物联网系统。

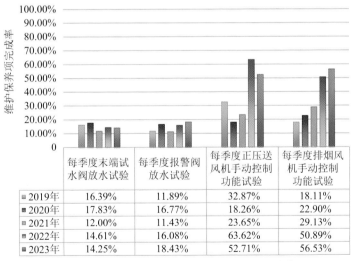

图 8-3　2019—2023 年季度维护保养项完成率

注：数据来源于上海瑞眼科技有限公司消防设施物联网系统。

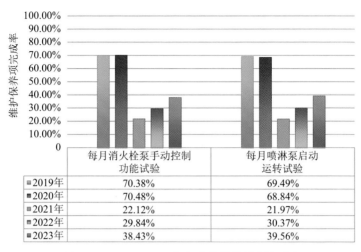

	每月消火栓泵手动控制功能试验	每月喷淋泵启动运转试验
■2019年	70.38%	69.49%
■2020年	70.48%	68.84%
■2021年	22.12%	21.97%
■2022年	29.84%	30.37%
■2023年	38.43%	39.56%

图 8-4　2019—2023 年月度维护保养项完成率

注：数据来源于上海瑞眼科技有限公司消防设施物联网系统。

从图 8-1～图 8-4 的数据可以看出，各维护保养项的维护保养工作完成情况并不理想。按照规定，各维护保养项的完成率应达到 100%，然而在 2019—2023 年，各年度的维护保养完成率均未超过 70%，且多数维护保养项目的完成率仅为 10%～40%。这一情况揭示出一个关键问题：维护保养公司未严格按照规定和合同约定履行维护保养职责，维护保养意识相对薄弱，并且在日常操作中未充分遵循相关规定和建议开展维护保养工作。

这种现象可能与以下因素有关：

（1）意识问题：维护保养公司对消防维护保养工作的重要性认识不足，缺乏主动维护的积极性，导致部分项目未能按计划完成。

（2）监管不力：相关监督部门和单位未能严格监控维护保养工作的执行过程，导致部分项目无法达到规定要求。

这一问题亟需通过多方协作加以解决。首先，维护保养公司应加强自身意识，严格按照合同与规范执行维护保养工作；其次，监管部门应强化对维护保养工作的监控与审查，确保项目按标准实施；最后，相关单位也应积极配合维护保养计划，提高消防设施的维护保养质量，保障消防系统的正常运作。

8.3 各类设备故障率

2019—2023 年上海瑞眼科技有限公司消防设施物联网系统记录的各类消防设备的故障率变化见图 8-5。

从图 8-5 中可以看出，消防设备的故障率在近几年逐渐上升，从 2019 年的 5% 以下上升到 2023 年的 10% 以上。特别是可燃气体探测器，其故障率最高。这一趋势揭示了一个显著的问题：随着消防设备使用年限的延长，设备的可靠性逐渐降低，故障率升高。

这种持续上升的故障率趋势对于消防安全管理提出了以下挑战和应对策略：

（1）定期维护和检查。为了应对设备老化和故障增多的问题，必须强化定期维护和检查制度，确保所有设备均在良好的工作状态。

（2）更新替换策略。针对高故障率的设备，应考虑制定

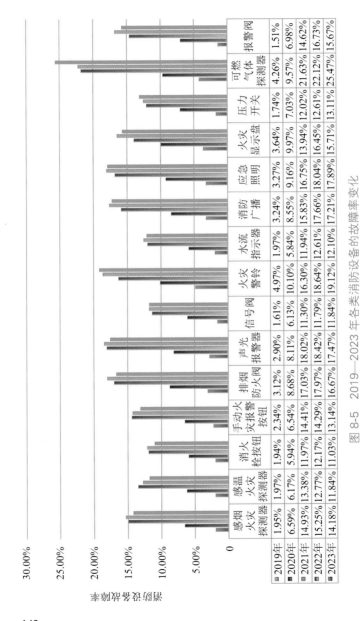

	感烟火灾探测器	感温火灾探测器	消火栓按钮	手动火灾报警按钮	排烟防火阀	声光报警阀	信号阀	火灾警铃	水流指示器	消防广播	应急照明	火灾显示盘	压力开关	可燃气体探测器	报警阀
2019年	1.95%	1.97%	1.94%	2.34%	3.12%	2.90%	1.61%	4.97%	1.97%	3.24%	3.27%	3.64%	1.74%	4.26%	1.51%
2020年	6.59%	6.17%	5.94%	6.54%	8.68%	8.11%	6.13%	10.10%	5.84%	8.55%	9.16%	9.97%	7.03%	9.57%	6.98%
2021年	14.93%	13.38%	11.97%	14.41%	17.03%	18.02%	11.30%	16.30%	11.94%	15.83%	16.75%	13.94%	12.02%	21.63%	14.62%
2022年	15.25%	12.77%	12.17%	14.29%	17.97%	18.42%	11.79%	18.64%	12.61%	17.66%	18.04%	16.45%	12.61%	22.12%	16.73%
2023年	14.18%	11.84%	11.03%	13.14%	16.67%	17.47%	11.84%	19.12%	12.10%	17.21%	17.89%	15.71%	13.11%	25.47%	15.67%

图 8-5 2019—2023 年各类消防设备的故障率变化

注：数据来源于上海瑞眼科技有限公司消防设施物联网系统。

更频繁的更换计划，尤其是对于关键设备如可燃气体探测器，以减少因设备故障带来的安全隐患。

（3）技术升级。鉴于技术的快速进步，应考虑引入更先进的消防设备和技术，以提高系统的整体可靠性和效率。

（4）员工培训。增加对消防设备操作和维护人员的培训，提升他们对设备故障诊断和处理的能力，确保及时响应和解决潜在问题。

通过实施这些策略，可以有效地降低消防设备的故障率，提升消防设备的操作效率和安全性能，从而保障公共安全。

8.4　本章小结

本章总结了法律法规、标准规范对于消防设施维护保养的规定，并通过分析不同年度的维护保养完成率来反映维护保养活动的执行情况与存在的问题，表明了绝大多数单位未能完全遵守维护保养规定，当前维护保养工作存在严重不足。

此外，本章详细讨论了消防设备的故障率，这些数据揭示了潜在的设备问题，强调了定期规范的维护保养在预防设备故障和延长设备使用寿命方面的重要性。

总体而言，本章通过对消防设施维护保养规范、实施情况及设备故障率的详细分析，揭示了维护保养活动的当前社会实践与存在的问题。这些分析不仅提供了对现状的深刻解读，也强调了提高维护保养质量、确保消防设备性能和安全的迫切需要。

9

消防设施物联网系统的
发展挑战和趋势展望

9.1 发展挑战

消防设施物联网行业正面临一系列复杂挑战，这些挑战涵盖多个方面，以下为主要的发展挑战：

1. 安全与隐私问题

消防设施物联网系统的关键挑战之一是保护系统内部敏感数据的安全与隐私。这些数据可能包括建筑物布局、使用的材料类型以及内部人员的个人信息等，这些都是潜在的安全风险点。为了防止数据被未授权访问或遭受恶意攻击，必须实施严格的安全措施，如加密技术、安全协议以及实时的安全监控系统，确保数据的安全传输与存储。

2. 设备兼容性与标准化

消防设施物联网的实施依赖于多技术的融合，包括物联网、实时数据分析、人工智能技术等。不同技术平台的设备和传感器往往基于各自的通信协议和标准，因此，确保系统组件之间的兼容性和互操作性成为一大挑战。为了实现这些设备之间的有效通信，必须制定统一的通信标准和协议。标准化不仅有助于设备间的互操作性，还能确保整个系统的长期可维护性和可扩展性。

3. 成本控制

智能化消防设施的部署和维护涉及显著的初期投资。对于预算有限的单位，如何在不牺牲技术性能的前提下控制成本，成为一个重要考虑因素。有效的成本管理策略包括选择成本效益高的技术方案，以及通过技术创新降低设备成本。

4. 可靠性和稳定性

消防设施物联网系统的可靠性和稳定性是保障公共安全的核心。系统在所有紧急情况下都必须保持高效运转，任何技术故障都可能带来不可预测的后果。因此，系统设计必须强调故障容忍能力和快速恢复策略，确保在关键时刻能够可靠作业。

5. 数据管理与分析

随着消防设施物联网的部署，将产生大量数据。如何有效管理和分析这些数据，从而提取出对消防安全和响应有价值的信息，是技术上的一大挑战。这需要部署高效的数据处理平台，采用机器学习等先进的数据分析技术，以支持决策制定和实时响应。

推动消防设施物联网系统的发展和普及不仅需要技术的持续创新和优化，还需要技术供应商、政策制定者、执行机构和终端用户之间的密切合作和资源整合。这种多方协作有助于提高系统应用效果，为社会提供更坚实的安全保障，保护人民生命财产安全。

9.2　趋势展望

消防设施物联网技术正在经历迅速的发展，消防设施物联网系统的构建正是解决目前我国消防设施存在的不完善问题的有效途径。随着技术的进步和市场需求的扩大，可以预见以下主要趋势：

1. 深度数据分析和应急响应能力的提升

随着人工智能和机器学习技术的发展，消防设施物联网系统将越来越注重利用大数据分析来增强应急处置能力，更注重数据的深度挖掘。利用新一代信息技术与消防工作的融合，持续深化消防感知网络建设，对消防水平进行更加合理的评估，对可能发生的火灾、产生的后果及处置方案进行有效模拟和优化，促进火灾预警预测能力的全面提升，将成为消防设施物联网未来发展的第一大趋势。数据的智能分析将促进消防工作端口前移，逐步实现消防工作重点由"消"变为"防"。

2. 建立数字化消防安全管理标准

随着消防设施物联网技术的应用，对应的管理标准发展相对滞后，这影响了技术的最大化利用。因此，迫切需要制定与消防设施物联网技术相匹配的全面管理体系和标准，指导技术的规范化部署和有效使用。这套标准将支持消防设施物联网技术的正确使用和持续优化，提高管理效率和安全水平。

3. 消防安全性能化评估的未来趋势

随着技术的不断发展和深化，未来对建筑物的消防安全评估将由合规性评估转向性能化评估。这一转变将更加注重建筑物在实际火灾情景下的表现，涵盖火灾预防、控制力度以及逃生路径设计等多个维度。性能化评估不仅关注建筑物是否符合消防安全标准，更重视其在火灾发生时的实际表现和防护能力，强调通过实际性能来确保人员安全和财产保护，这标志着消防安全评估将更加全面和动态，更贴合实际需求和情境。

4. 数字孪生技术深度赋能消防安全管理

数字孪生技术通过创建建筑物的高精度三维模型，全面展示消防安全情况，从而支持更有效的火灾防控和救援操作。这项技术使消防安全管理能力实现全面升级，提供了立体化的支持，使消防策略和响应更加精准和高效。

这些趋势展示了消防设施物联网技术的发展方向，强调了技术创新与标准制定的重要性，说明了如何通过现代技术手段提升公共安全保障。

目前，我国的智慧消防发展已经走在世界前沿。未来，在各方的不断努力下，技术和解决方案趋向成熟和完善，"中国模式"必将输出海外，为国际消防安全提供新视角和解决路径。这不仅将推动全球消防技术和服务的标准化和现代化，也将促进国际交流合作和知识共享，以共同应对全球性的消防安全挑战，从而提升全球社会的安全水平。

参考文献

[1] 国家市场监督管理总局.物联网标识体系 物品编码 Ecode：GB/T 31866—2023[S].北京：中国标准出版社，2023.

[2] 中华人民共和国国家质量监督检验检疫总局.建筑消防设施的维护管理：GB 25201—2010[S].北京：中国标准出版社，2010.

[3] 中关村信息安全测评联盟.信息安全技术 信息系统安全等级保护基本要求：T/ISEAA 003—2023[S].北京：中国标准出版社，2023.

[4] 杨琦.上海市《消防设施物联网系统技术标准》研编[J].给水排水，2018，54（8）：140-144.

[5] 虞利强，杨琦，黄鹏，等.基于物联网技术的消防给水监测系统构建[J].消防科学与技术，2017，36（7）：971-973.

[6] 王蔚."智慧消防"现状及发展趋势探析[J].消防科学与技术，2023，42（7）：1010-1014.

[7] 黄玉垚，高宏.智慧消防体系发展现状及趋势研究[J].中国应急管理，2023（1）：48-51.

[8] 杨琦.消防水池水质和水量监测指标与物联网系统构建的研究[J].给水排水，2019，55（11）：103-107.

[9] 郭长发，吴贞贞，杨琦.消防水池信息采集与物联网技术的应用[J].智能建筑，2022（9）：89-91.

[10] 徐珍喜.《城市消防远程监控系统技术规范》正式颁布[J].智能建筑，2008（1）：28-30.

[11] 中华人民共和国建设部.城市消防远程监控系统技术规范：GB 50440—2007[S].北京：中国计划出版社，2008.

[12] 中华人民共和国国家质量监督检验检疫总局.城市消防远程监控系统　第1部分：用户信息传输装置：GB 26875.1—2011[S].北京：中国标准出版社，2012.

[13] 华东建筑设计研究总院.消防设施物联网系统技术标准：DG/TJ 08—2251—2018[S].上海：同济大学出版社：2018.

[14] 中华人民共和国应急管理部.建筑消防设施检测技术规程：XF 503—2004[S].北京：中国标准出版社，2004.

作者简介

上海瑞眼科技有限公司（以下简称"瑞眼科技"）是一家新型高科技IT公司，专业从事消防安全数据、智慧消防系统及其终端产品的研发、销售及市场应用。在上海首先提出消防设施物联网的概念，是《消防设施物联网系统技术标准》DG/TJ 08—2251—2018的首家参编单位。瑞眼科技拥有政府消防监管平台、消防设施物联网平台、安消一体化平台、智慧消防远程控制系统、AI自动建模等多个产品线。

瑞眼科技自2011年成立至今，一直秉持高度的责任感和使命感，潜心研究技术，积累了一系列消防安全行业场景应用核心算法。在应急管理、城市安全管理数字化转型、消防安全数据服务、智慧消防、智慧建筑、安消一体化、三维模型应用等领域为客户提供可信赖的产品、解决方案和服务，持续为客户创造价值，推动智慧消防事业的发展，始终走在消防设施物联网战线的前沿。

1. 行业标准制定者

我国首部消防设施物联网系统地方标准《消防设施物联网系统技术标准》DG/TJ 08—2251—2018的第一参编单位；国际标准《智慧城市基础设施－智慧建筑信息化系统建造指南》ISO 37173：2023智慧消防版块的起草单位；国家标准《城市消防远程监控系统技术标准（征求意见稿）》GB 50440的参编单位。

2.行业领先品牌

荣获智慧消防服务领域内首家"基于大数据分析的消防安全管理数据服务"的"上海品牌"认证企业。瑞眼科技在品牌引领、自主创新、品质卓越、管理精细、社会责任等方面均通过评价机构的认定，所提供的智慧消防服务符合上海品牌所要求的"国内领先，国际先进"的水平。

3.行业科技创新者

致力于物联网尖端技术的研究与创新，已取得55项专利、67项软件著作权，获得消防物联网人工智能行业领军企业奖、第十届中国消防协会科学技术创新奖一等奖、软件和信息服务业首选品牌等多个奖项，为消防设施物联网行业的持续深耕者。瑞眼科技有着超前的风控理念，首先提出物联网＋保险概念，进一步拓展安全领域和风险分析领域，为客户带来的更高效便捷的安全管理。

4.打造行业生态圈

与三大运营商等知名企业达成战略合作，与同济大学、中国人民警察大学等知名高校达成产学研合作，通过优势互补，不断促进技术创新，激发创效活力，构建共赢生态圈。